KB077679

엑셀강좌시리즈 ⑩

[삼각함수에서 미적분까지]

엑셀로 쉽게 배우는 수학

부록 CD
본문 속
엑셀 예제 수록

다카하시 유키히사(高橋幸久) · 와타나베 야이치(渡邊八一) | 저
전용배 | 역

OHM
Ohmsha

씨
아이
알

만약 수학에 자신 있다면 ……, 본 서를 손에 든 사람들 중에서는 이러한 생각을 하는 분이 많을 것으로 생각합니다. 안타깝게도 학교에서는 점수나 편차치 기준으로 이유도 잘 모르는 상태로, 경쟁에 내몰려 공부하는 경향이 있습니다. 시험에 관계없다고 초기 단계에서 수학 공부를 단념한 사람도 많지 않을까 생각합니다.

그러나 분야를 막론하고, 대학에 들어와서 또는, 사회에 나아가서 수학을 잘 할 수 있으면 편리하겠다고 느끼는 경우도 많지 않습니까? 수학은 수학자나 수학 교사만을 위한 것이 아니고, 보통 사람이 사회 현장에서 활용할 수 있어야 진짜 의미가 있는 것입니다. 조사·분석·해석이 필요한 곳에서는 통계학을 비롯하여 Excel 등을 이용하여 수적 처리를 하는 경우도 많이 있습니다.

'다시 한 번 공부하고 싶다'라는 생각은 학교를 졸업하면서 많은 사람들의 마음에 싹트는 것 같습니다. 오랫동안 나는(고교) 야간이나 주야 개강학제에서 대학생활을 계속해왔습니다. 그곳에서 만났던 사람들의 공부에 대한 진지한 태도에 항상 감동받았습니다. 특히, 그곳에서 느낀 것은 업무와 겹친 학문이나 연구, 컴퓨터를 사용한 실습 등에서 갑자기 힘을 발휘하는 사람들의 존재였습니다. 수학 수업에서는 두드러지지 않았던 사람들도 컴퓨터로 Excel 등을 사용할 때는 활기가 넘쳐 보일 때도 있었습니다. 만약, 중학교 과정이나 고교에서 컴퓨터와 수학을 한 묶음으로 공부할 수 있으면 어떨까요. 아마도 '수학에 자신 있는 사람'의 얼굴로 바뀔 수 있을 것입니다.

본 서를 공부하였다고 해서 성적도 나아지지 않으며, 편차치도 나아지지 않습니다. 중요한 것은 지금보다 조금이라도 수학을 잘 할 수 있고, 그것을 현장에 활용할 수 있게 되고, 또 그것을 컴퓨터로 할 수 있게 된다는 것입니다.

Excel은 지극히 친밀한 도구입니다. 단순히 수학 공부를 다시 고쳐하는 것은 아니고, Excel 학습과 동시에 다시 고교 수학을 재검토해보길 바랍니다. 옛날과는 다른 기분으로 수학이라는 것을 공부할 수 있을 것입니다.

2004년 1월

다카하시 유키히사(高橋幸久)
와타나베 야이치(渡邊八一)

처음 이 책을 번역할 때는 수학을 이해하는 데 어려움을 겪는 이들에게 Excel이라는 프로그램을 활용하여 쉽게 배울 수 있겠다는 기대감에서 시작하였다. 하지만 마지막 탈고 후의 느낌은 수학공부를 왜 하는지 하는 독자들의 오해가 있지 않을까 걱정이 된다. 마치 구구단을 열심히 암기했는데, 사회에 나오니 계산기로 다 계산하면 왜 구구단을 암기했나 하는 착각 말이다. 수학은 산수가 아니지 않는가. 수학을 싫어하는 이유는 원리의 이해와 응용이지 단순한 산술이 아닐 것이다.

이 책은 단순한 산술은 Excel에 맡기고, Excel을 이용하여 쉽게 수학을 이해하도록 많은 예제를 풀이하고, 그 결과를 그래프로 보여주므로 독자들의 흥미를 북돋아 줄 것이다.

본문은 총 8장으로 제1장은 Excel 관련 내용이라 이미 Excel을 사용할 수 있는 독자는 생략하여도 무방하다.

제1장 Excel에서 기본적인 수식 관련 사용법에 대하여
제2장 방정식과 함수 관련 그래프 및 행렬에 대하여
제3장 삼각함수
제4장 지수함수와 대수함수
제5장 수열
제6장 벡터와 복소수
제7장 원, 타원, 포물선
제8장 미·적분의 응용

이 책은 수학의 기초적이고 필수적인 내용으로 구성되어 있다. 또, 프로그램

소스와 많은 예제를 엑셀 파일로 정리하여 CD로 제공하므로 데이터를 수정하여 활용하면 수학을 이해하는 데 많은 도움이 될 것이다. 원서의 Excel 버전은 2003이나 현재 사용하는 상위 버전의 Excel 프로그램에서도 활용가능하게 되어 있다.

이 책의 출판에 많은 도움을 주신 씨아이알의 김성배 사장님, 박영지 편집장님, 이일석 팀장님, 이지숙 님께 깊은 감사를 드린다.

2015년 1월

역자 전 용 배

◆ 샘플 파일의 이용에 대하여

이 책에서 다루는 내용에 대하여 Microsoft Excel 데이터 파일을 샘플로 준비하였다. 해당하는 부분에는 •Ref를 붙여놓아, 샘플 파일의 파일 명과 시트 명을 확인할 수 있다.

이용하는 샘플 파일은 옴샤의 홈페이지에서 다운로드할 수 있다.

또, 샘플 파일의 동작은 Excel 2003/2002/2000(Windows 판)에서 확인 할 수 있다. 이후 변경되는 사항은 옴샤 홈페이지를 참조하기 바란다.

◆ 샘플 파일의 다운로드 방법

1. 옴샤 홈페이지 [http://www.ohmsha.co.jp/]를 연다.
2. [서적연동/다운로드 서비스]를 클릭하여 이 책 이름 [Excel로 쉽게 배우는 수학 - 삼각함수에서 미적분까지]를 클릭한다.
3. 샘플 파일의 다운로드 및 설치방법에 대해 잘 읽어보고 파일을 다운로드한다.
4. 다운로드한 파일을 설치한다.

파일을 설치하면 [쉬운 수학]이라는 폴더가 만들어진다.

이 폴더 중에서 [Math****.xls] 파일([****]은 절과 항의 번호를 나타내는 숫자)이 Excel 데이터 파일이다.

주의

이 책 및 샘플 파일의 내용에 관한 운용결과에 대해서는 어떠한 경우도 책임을 지지 않으므로 양해바랍니다.

◆ 분석도구의 셋업

이 책의 샘플 파일에는 복소함수를 사용한 파일도 수록하고 있다. 복소함수는 분석도구라는 Excel 추가 기능 모듈을 인스톨하지 않으면 사용할 수 없다. 분석도구를 인스톨하지 않고, 복소함수가 사용된 파일을 열면 [#Name?] 에러가 표시된다.

분석도구는 통계나 기술계산을 위한 함수(엔지니어링 함수)나 각종 통계도구가 정리되어 있는 컴포넌트이다. 복소함수는 엔지니어링 함수 중에 포함되어 있다.

분석도구를 사용하려면 우선 [도구] 메뉴에 [분석도구]가 있는지를 확인한다. 이미 [도구] 메뉴에 [분석도구]가 있으면 엔지니어링 함수나 분석도구를 사용할 수 있는 상태로 되어 있는 것이다.

만약, [도구] 메뉴의 전 항목을 표시하여도 [분석도구]가 보이지 않는 경우는 다음 차례를 실행한다.

1. [도구] - [추가기능] 메뉴(그림 1.)를 클릭한다.

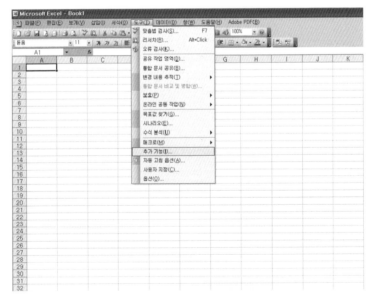

그림 1. [도구] – [추가기능] 메뉴

[추가기능] 다이얼로그 상자 (그림 2.)를 연다.

2. [분석도구]에 체크를 하고, [확인] 버튼을 클릭한다.

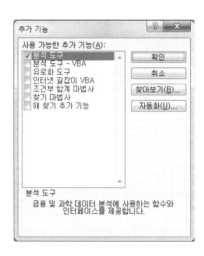

그림 2. [추가기능] 다이얼로그 상자

Excel을 셋업할 때 상황에 따라서는 이 기능을 인스톨할 것인지, 어떻게 할 것인지를 확인하는 다이얼로그 상자가 표시되는 경우가 있다. 그러한 경우는 [예] 버튼을 클릭하여 컴포넌트의 인스톨을 시작한다. 도중에 프로그램의 셋업 CD-ROM 삽입을 요구하는 경우가 있다.

인스톨이 종료하면 [도구] 메뉴에 [분석도구]가 있는지 확인한다.

C·O·N·T·E·N·T·S

Excel의 기본과 계산

제1장

Excel의 기본과 계산

1.1 워크시트와 셀

1.1.1 워크시트 개요

█ 워크시트 기본 구성

Excel 기본적인 화면(그림 1.1)은 열과 행으로 구성된 표 형식 워크시트로 되어 있다. 표에서 각각의 눈금 칸을 셀이라 부른다. 이 셀에 수치나 문자열, 연산자나 함수를 사용한 수식 등을 입력하여 계산한다.

Excel을 실행하는 명령은 메뉴 막대에 계층적으로 정리 되어 있다. 또한, 자주 사용하는 명령은 [표준] 도구 막대와 [서식설정] 도구 막대에 버튼으로 준비되어 있다. 도구 막대에는 이 외에도 몇 개의 종류가 있고, [표시]−[도구 막대] 메뉴에 표시/비표시를 바꾸는 것이 가능하다.

워크시트에는 **A ~ Z, AA ~ IV**의 **256**열과 **1 ~ 65,536**의 행이 있다. 각각의

셀은 열과 행 번호를 조합시켜 나타낸다. 예를 들면, 셀 **C3**은 **C**열의 제**3**행 셀을 나타내고, 이 표기(이 예는 **[C3]**)를 셀 참조라 부른다.

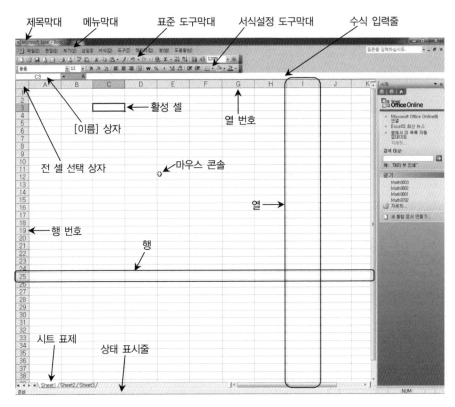

그림 1.1 Excel 기본 화면(Excel 2003)

워크시트에 데이터를 입력하고, 그 데이터에 대하여 실행하는 경우 1개 또는 복수의 셀을 선택할 필요가 있다.

셀에 마우스 커서를 일치시켜서 클릭을 하면 그 셀이 활성화된다. 이것을 **활성 셀**이라 부른다. [이름] 상자에는 현재 활성 셀의 셀 참조가 표시된다. 또한, [이름] 상자에 셀 참조를 입력하여 **[Enter]** 키를 누르면 그 셀이 활성화된다.

활성 셀의 내용은 **수식 입력줄**에 표시된다. 또한, 수식 입력줄에서 활성 셀의 내용을 입력하는 것도 가능하다. 데이터를 입력한 후 [Enter] 키를 누르든지 수식 입력줄 [입력] 버튼(그림 1.2)를 클릭하면 그 데이터는 활성 셀에 들어가게 된다. [입력] 버튼의 왼쪽에 있는 [취소] 버튼을 클릭하면 입력을 중지할 수 있다.

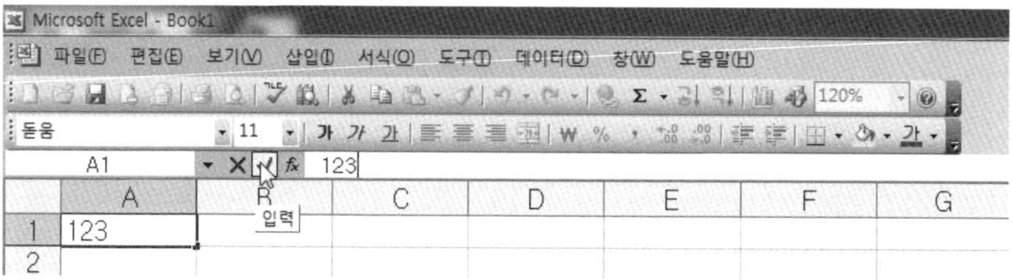

그림 1.2 수식 입력줄의 [입력] 버튼

Excel 파일은 보통 **북(book)**이라 불리는 단위로 구성되어 있다. 북이란 복수의 워크시트를 넣어둘 수 있고, 워크시트의 하부에 있는 시트 표제 탭을 클릭하여 워크시트를 바꾸는 것이 가능하다.

▌셀 범위 선택/확장/추가

마우스를 드래그하면 복수의 셀을 선택할 수 있고, 이 선택된 범위를 **셀 범위**라고 부른다. 셀 범위는 좌상과 우하의 셀 참조를 [:](반각 콜론)으로 연결하여 나타낸다(예를 들면 **[A1:E10]**).

어떤 셀 범위가 선택되어 있을 때 [Shift] 키를 누르면서 셀을 클릭하면 셀 범위를 확장하는 것이 가능하다. 예를 들면, 셀 **B2**가 활성화된 때 **[Shift]** 키를 누르면서 **C6**을 클릭하면 **B2 ~ C6**이 셀 범위로 선택된다. 또한, 셀 범위로

B2:B4를 선택하고 있을 때 **[Shift]** 키를 누르면서 셀 **C6**을 클릭하면 **B2 ~ C6**이 셀 범위로 선택된다(그림 1.3).

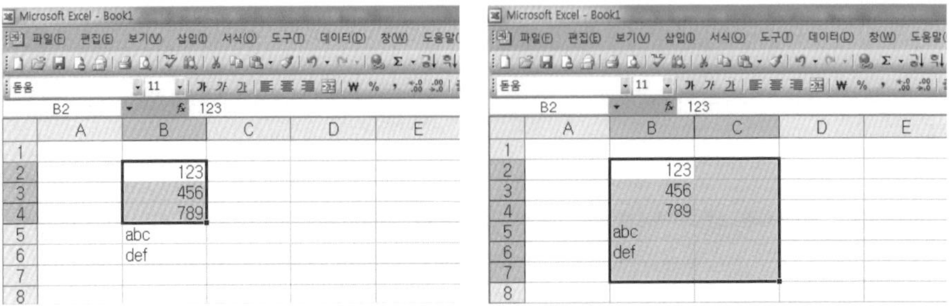

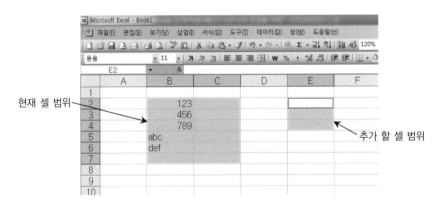

그림 1.3 셀 범위 확장

현재 셀 범위에 대하여 다른 셀 범위를 추가하는 경우 **[Ctrl]** 키를 누르면서 추가할 셀 범위를 드래그한다. 인접하지 않은 셀 범위를 선택하는 것도 가능하다(그림 1.4).

현재 셀 범위

추가 할 셀 범위

그림 1.4 셀 범위 추가

▌열/행 선택

열 전체 또는 행 전체를 선택하는 것은 열/행 표제를 클릭한다. 열/행 표제를 드래그하면 복수의 열/행을 선택할 수 있다. 선택범위를 확장하는 것은 [**Shift**] 키를 누르면서 목적하는 열/행 표제를 클릭한다. 선택범위를 추가하는 것은 [**Ctrl**] 키를 누르면서 추가할 열/행 표제를 클릭 또는 드래그한다. 인접하지 않은 열/행을 추가하는 것도 가능하다.

셀 범위가 포함하는 열 전체를 선택하는 것은 [**Ctrl**] + [**Space**] 키를 누른다. 또한, 셀 범위가 포함하는 행 전체를 선택하는 것은 [**Shift**] + [**Space**] 키를 누른다.

▌열의 폭이나 행 높이 조정

열의 폭을 변경하는 것은 열 표제 우측 경계선에 마우스 포인트를 일치시켜 마우스 포인트 모양이 좌우 양방향 화살표 모양으로 변하면 필요한 만큼 드래그한다(그림 1.5). 드래그 대신에 더블 클릭하면 그 열에 포함된 가장 긴 데이터에 일치시켜 열 폭이 자동적으로 조정된다.

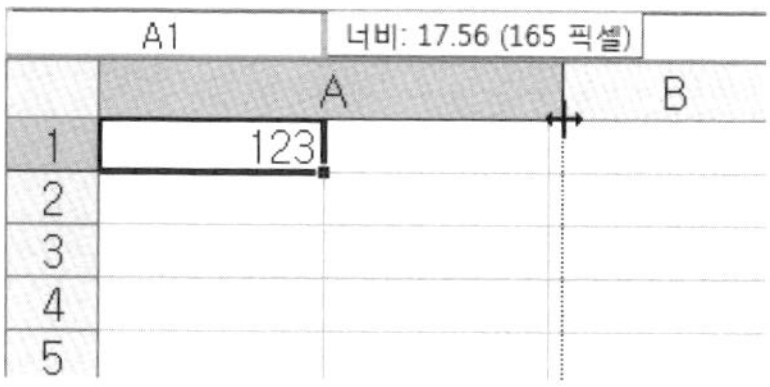

그림 1.5 열의 폭을 변경한다.

행 높이를 변경하는 것은 행 표제 아래 측의 경계선에 마우스 포인트를 일치시켜 마우스 포인트 모양이 상하 양방향 화살표 모양으로 변하면 필요한 만큼 드래그한다. 드래그 대신에 더블 클릭하면 그 행에 포함된 폰트 높이에 일치시켜 행의 높이가 자동적으로 조정된다.

열 폭과 행 높이는 [서식] 메뉴의 [열], [행]에서도 조정하는 것이 가능하다.

1.1.2 데이터 입력, 종류, 표시형식

▌데이터 입력

셀에 데이터를 입력하여 [Enter] 키를 누르면 데이터는 셀에 입력되고, 활성 셀은 바로 아래 셀로 이동한다. 이때 [Tab] 키를 누르면 활성 셀은 오른쪽 셀로 이동한다. 또한 데이터를 확정한 후, 활성 셀은 [Shift]+[Enter] 키로는 위의 셀로 [Shift]+[Tab] 키로는 왼쪽 셀로 이동한다(그림 1.6). 마찬가지로 방향 키를 눌러도 데이터를 확정한 후, 활성 셀을 그 방향으로 이동할 수 있다.

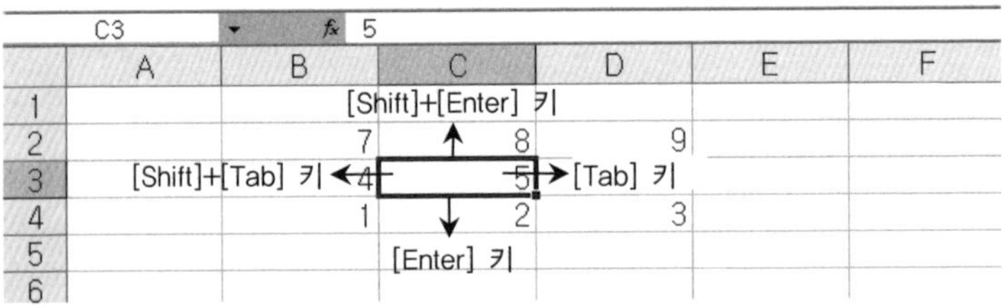

그림 1.6 데이터 입력 후의 활성 셀

데이터를 입력할 때에 수식 입력줄에 표시된 [입력] 버튼을 클릭하여 입력을 확정한 경우 활성 셀은 이동하지 않는다. [취소] 버튼을 클릭하여도 원래의 데이터에서 변경되지 않는다.

미리 셀 범위를 지정하여 데이터를 입력하려면 [Enter] 키나 [Tab] 키를 누른 때에 활성 셀은 셀 범위 내로 이동한다.

▌ 데이터 종류와 표시형식

Excel에서 다루는 데이터는 숫자, 문자열, 날짜/시간이라는 상수와 계산 순서를 나타내는 수식 등으로 나눌 수 있다.

우선, 숫자, 문자열 및 날짜/시간 데이터의 차이를 이해하기 위하여 다음 데이터를 입력한다.

셀 **A1** : **123**

셀 **A2** : **12345678901234567890**

셀 **A3** : **1.234567890123456789**

셀 **A4** : **−123**

셀 **A5** : **(123)**

셀 **A6** : **12.3%**

셀 **A7** : **₩123000**

셀 **A8** : **12/3**

셀 **A9** : **12:30**

셀 **A10** : **1 ̲ 2/3**(̲ 는 반각 스페이스(공백))

셀 **A11** : 숫자

셀 **A12** : **'123**

셀의 표시를 살펴보면 입력한 값과는 다르게 되어 있는 셀이 있다(그림 1.7). 이는 셀의 값에 대하여 특정 서식이 설정되어 있지 않은 경우 **Excel**이 입력된 값에서 그 데이터의 종류를 판단하여 종류에 따른 형식으로 변환하여 표시하기 때문이다.

활성 셀에 입력된 내용은 서식 막대에서 확인할 수 있다. 셀에 입력된 수치를 **보존치**, 셀에 표시된 수치를 **표시치**라고 한다. 수치 데이터의 최대 유효자릿수는 **15**자리이다. 표시치는 셀의 폭이나 셀의 서식설정에 따라 다른 경우가 있다.

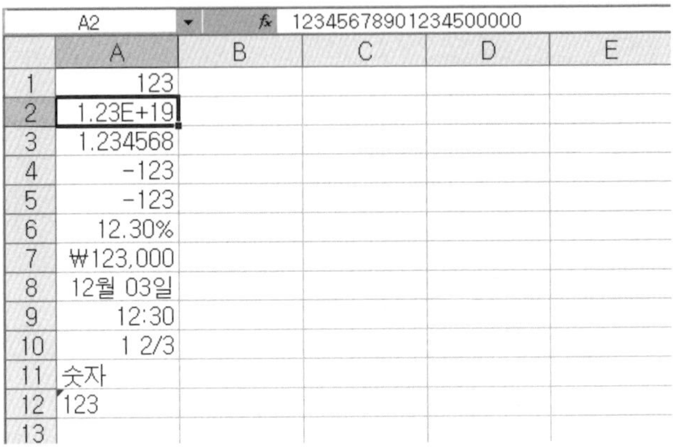

그림 1.7 데이터를 입력한다.

셀 **A1 ~ A7**과 **A10**은 수치로 다루고 있다.

셀 **A2**는 [**1.23E+19**]로 표시되어 있다. 이것은 지수형식의 표기로 [**1.23×**10^{19}]를 나타낸 것이다. 또한, 수식 입력줄을 보면 [**12345678901234500000**]로 되어 있어 최대 유효자리의 **15**자리를 넘는 부분이 [**0**]으로 바뀌어 있는 것을 알 수 있다(그림 1.7).

셀 **A3**은 [**1.2345678**], 수식 입력줄에는 [**1.23456789012345**]로 표시되어 있다. 소수의 경우 보존치는 유효자릿수를 넘는 부분이 절사되고, 표시치는 셀의 폭에 따라 어떤 자릿수로 사사오입된다.

A열의 폭을 넓히면 셀 **A2**와 **A3**에 표시된 자릿수가 증가한다(그림 1.8 왼쪽). 셀 표시 자릿수를 설정하는 것은 다음 항에 기술하는 셀의 서식설정에서

한다. 또한, 열의 폭이 좁으면 [####]라고 표시되는 셀이 있다(그림 1.8 오른쪽). 이것은 열의 폭이 좁아 값을 표시할 수 없는 것을 나타내고 있는 것이다. 열의 폭을 넓히면 올바르게 표시된다.

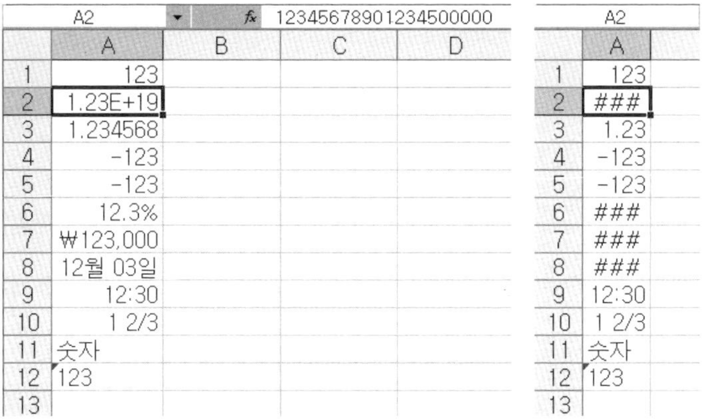

그림 1.8 셀의 폭으로 표시가 바뀐다.

셀 **A5**는 [(123)]이라고 입력하였지만 수식 입력줄에서 확인하면 Excel에서는 [−123]과 같게 다루고 있는 것을 알 수 있다. 셀 **A6**과 **A7**과 같이 [%]이나 [₩]를 붙이려면 퍼센트 서식이나 통화 서식을 설정한다.

셀 **A8**과 **A9**와 같이 [/]이나[:]로 구분한 수치는 날짜/시간 값으로 다룬 것이다. 수식 입력줄에서 확인하면 셀 **A8**은 [**2003/12/3**], 셀 **A9**는 [**12:30:00**]과 같이 연호나 초를 추가한 것을 알 수 있다.

셀 **A10**은 분수형식으로 설정한 것이다. 수식 입력줄에서 확인하면 보존치는 [**1.666666666666667**]이라는 소수로 되어 있는 것을 알 수 있다.

[**0 1/2**]이라고 입력하면 표시치는 [**1/2**], 보존치는 [**0.5**]로 된다.

셀 **A11**과 **A12**는 문자열로 다루어지고, 왼쪽 정렬로 표시된다. 셀 **A12**와 같이 선두에 [']를 붙이면 숫자도 문자열로 인식된다. 또한, [1/2/3/4]와 같이 날짜로 인식되지 않는 경우도 문자열로 다루게 된다.

하나의 셀에 표시할 수 없도록 긴 문자열을 입력한 경우 인접 셀이 공백이면 그 인접 셀로 밀려나오게 표시된다. 셀의 서식설정에서 하나의 셀 내로 되접어 표시하는 것도 가능하다.

▌셀/셀 범위의 복사와 이동

마우스 조작으로 데이터를 입력한 셀을 복사하고, 다른 장소로 이동하는 것이 가능하다. 셀 또는 셀 범위를 선택하고, 네모로 마우스 커서를 일치시켜 포인터 모양이 화살표로 될 때 드래그하면 셀이나 셀 범위를 이동할 수 있다. 이때, [Ctrl] 키를 누르면서 드래그하면 셀이나 셀 범위는 복사된다(그림 1.9). 또는 [Shift] 키를 누르면서 드래그하여 셀과 셀의 경계에 포인터를 일치시켜 경계를 나타내는 I형 포인터가 표시된 때 마우스 버튼을 놓으면 그 경계에 셀이나 셀 범위를 삽입할 수 있다.

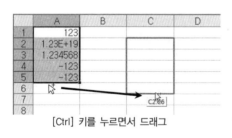

[Ctrl] 키를 누르면서 드래그   셀 범위를 복사한다.

그림 1.9 셀 범위의 복사

셀 범위의 네모를 오른쪽 버튼으로 드래그하여 버튼을 놓으면 단축 메뉴가 표시되어 이동이나 복사를 어떻게 할지를 선택할 수 있다(그림 1.10).

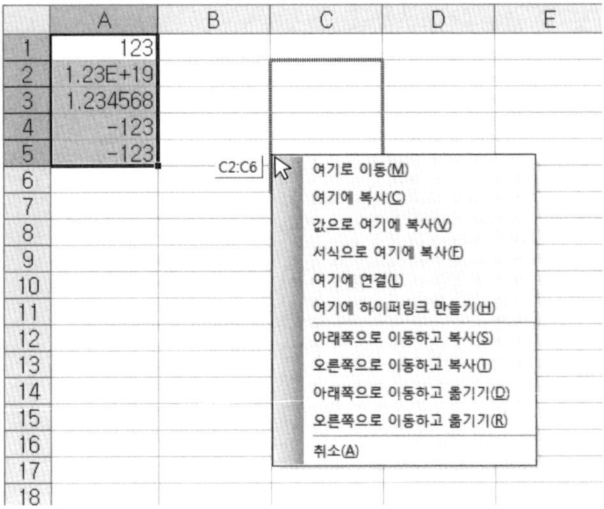

그림 1.10 셀 범위를 오른쪽 버튼으로 드래그한 때의 단축 메뉴

▌연속 복사와 자동 채움

활성 셀이나 셀 범위의 채우기 핸들을 드래그하여 들어 있는 데이터 등을 연속하여 복사하거나 **연속 데이터**를 작성하는 것이 가능하다.

활성 셀의 채우기 핸들을 드래그하면 연속 복사가 실행된다. 예를 들면, 셀 **A1**에 [1]을 넣었을 때 채우기 핸들을 아래 또는 오른쪽 방향으로 드래그하면 드래그한 셀에는 [1]이 복사된다. 이때, **[Ctrl]** 키를 누르면서 마찬가지 조작을 하면 드래그한 셀에는 차례로 **[2]**, **[3]**, **[4]** …의 연속 데이터가 작성된다(그림 1.11). 단, 요일의 [월]과 같은 연속 데이터 일부라고 Excel이 판단한 데이터는 드래그 조작으로 [화], [수], [목] …의 연속 데이터가 작성되고, 또 [Ctrl] 키를 누르면서 드래그 조작하면 [월]의 연속 복사가 실행된다.

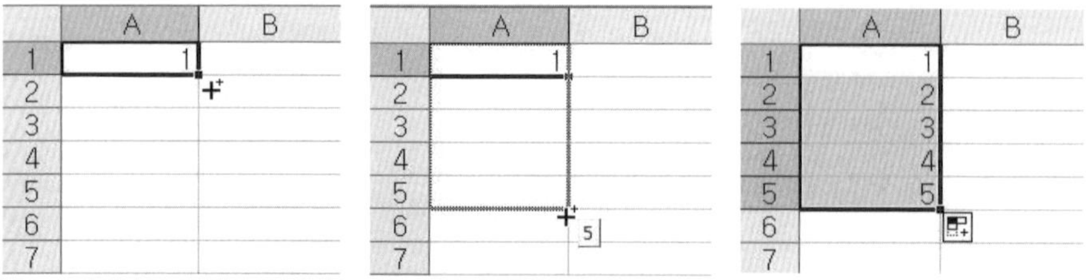

그림 1.11 드래그에 의한 연속 복사

셀 범위 핸들을 드래그한 경우는 선택한 셀 범위 데이터에 연속성(증가분)이 있는지에 따라 결과가 다르다. 예를 들면, 셀 **A1**에 [1]이, 셀 **A2**에 [3]이 넣어진 때 셀 범위 **A1:A2**의 채우기 핸들을 아래 방향으로 드래그하면 드래그한 셀에는 차례로 [5], [7], [9] …의 연속 데이터가 작성된다. [**Ctrl**] 키를 누르면서 마찬가지 조작을 하면 [1]과 [3]이 되풀이 되는 연속 복사를 한다.

Excel 2002 이하에서는 채우기 핸들을 드래그하여 연속복사 또는 연속 데이터 작성을 실행하려면 스마트 태그가 표시되어 연속 복사 또는 연속 데이터 작성을 선택할 수가 있다(그림 1.12).

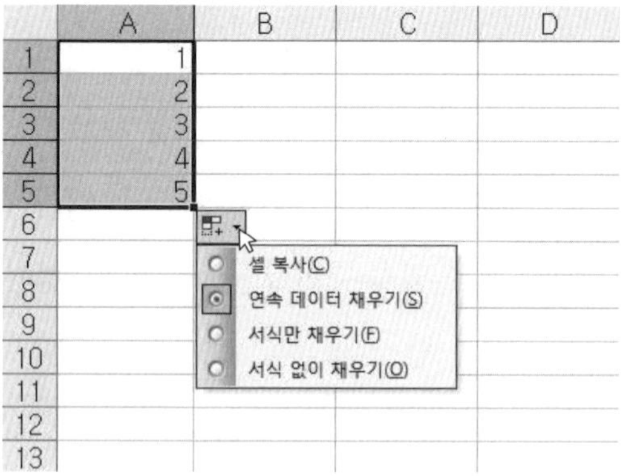

그림 1.12 스마트 태그

채우기 핸들을 마우스 오른쪽 버튼으로 드래그하면 셀 범위를 이동한 때와 같이 단축 메뉴가 표시되어 실행하는 명령을 선택할 수 있다.

연속 복사의 범위 또는 연속 데이터를 작성하는 범위를 먼저 지정해 놓고, [편집]-[채우기] 메뉴에서 실행하는 명령을 선택하여도 가능하다.

1.1.3 셀 서식설정

▌셀 표시형식

셀의 표시형식 변경은 [서식]-[셀] 메뉴를 선택하면 표시되는 [셀 서식] 다이얼로그 상자에서 한다.

[셀 서식] 다이얼로그 상자의 [표시형식] 탭을 클릭하면 설정 가능한 서식을 선택할 수 있다. [숫자]에서는 표시할 소수점 이하의 자릿수나 음수의 형식을 설정할 수 있다(그림 1.13).

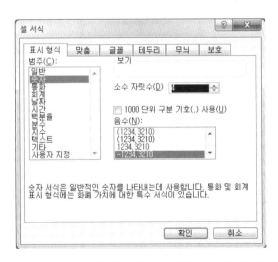

그림 1.13 [셀 서식] 다이얼로그 상자의 [표시 형식] 탭

사전에 [문자열]을 설정하여 놓아둔 셀에서는 숫자를 입력한 경우에도 문자열로 다루어질 수 있다.

▌ 셀 내용의 맞춤

[서식설정] 도구막대의 [왼쪽 정렬], [가운데 정렬] 및 [오른쪽 정렬] 버튼을 클릭하면 셀 내용의 맞춤을 설정할 수 있다. 셀 범위를 지정하여 [셀을 결합하여 가운데 정렬] 버튼을 클릭하면 문자열을 결합한 셀 가운데로 정렬한다.

셀의 결합을 해제하려면 [셀 서식] 다이얼로그 상자의 [맞춤] 탭을 열고, [텍스트 조정]의 [셀 병합]의 체크를 해제하면 된다. 또한, 이 다이얼로그 상자에서 텍스트 맞춤이나 방향 등을 지정하는 것도 가능하다(그림 1.14).

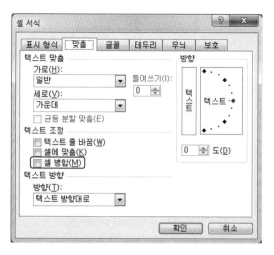

그림 1.14 [셀 서식] 다이얼로그 상자의 [맞춤] 탭

▌글꼴의 설정

글꼴의 종류나 스타일, 크기, 색 등은 [서식설정] 도구막대나 [셀 서식] 다이얼로그 상자의 [글꼴] 탭(그림 1.15)에서 지정할 수 있다.

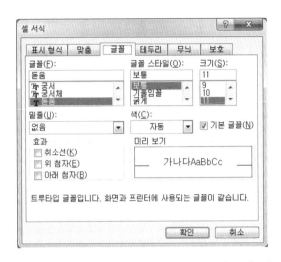

그림 1.15 [셀 서식] 다이얼로그 상자의 [글꼴] 탭

▌테두리 선의 설정

워크시트에 테두리를 그리는 것은 [서식설정] 도구막대의 [테두리] 버튼을 클릭한다. 테두리 종류는 [테두리] 버튼의 오른쪽에 있는 하향 화살표를 클릭하면 표시되는 팔레트(palette)에서 선택할 수 있다. 또한, [셀 서식] 다이얼로그 상자의 [테두리] 탭(그림 1.16)에서는 더욱 상세한 설정을 할 수 있다.

그림 1.16 [셀 서식] 다이얼로그 상자의 [테두리] 탭

▮ 셀의 색이나 무늬의 설정

셀의 색이나 무늬를 설정하는 것은 [서식설정] 도구막대의 [채우기 색] 버튼을 클릭한다. 다른 색은 [채우기 색] 버튼의 오른쪽에 있는 하향 화살표를 클릭하면 표시되는 팔레트에서 선택할 수 있다. 또한, [셀 서식] 다이얼로그 상자의 [무늬] 탭(그림 1.17)에서는 더욱 상세한 설정을 할 수 있다.

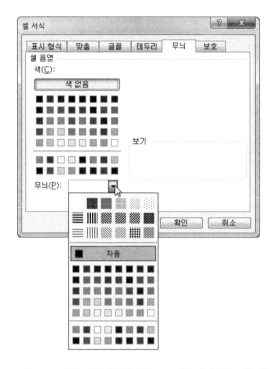

그림 1.17 [셀 서식] 다이얼로그 상자의 [무늬] 탭

1.1.4 도움말 이용

▌Excel의 도움말

Excel에는 충실한 도움말 기능이 준비되어 있다. 조작이나 기능에서 의문이 있으면 도움말 기능을 활용하세요(그림 1.18).

Excel 2003에서 인터넷에 접속하면, Microsoft Office Online에서 다양한 정보를 얻을 수 있다.

그림 1.18 Excel 2003의 도움말 기능

1.2 기본적인 수식 작성

1.2.1 Excel에서 사칙연산

▌수식과 연산자

수식은 반드시 [=](반각 등호)에서 시작하고, 수치나 문자열, 셀 참조와 연산자, [( )](반각 소괄호) 등으로 구성되어 있다. 또한, 수식에서는 Excel 함수를 사용하는 것도 가능하다.

연산자란 계산방법을 나타내는 기호이다. Excel은 다음 반각문자를 연산자로 사용한다.

    가법(덧셈)　　 : + (plus 기호)

    감법(뺄셈)　　 : − (minus 기호)

    승법(곱셈)　　 : * (asterisk 기호)

    제법(나눗셈)　 : / (slash 기호)

    누승(거듭제곱) : ^ (circumflex accent 기호)

다음과 같이 수식을 입력하여 계산결과를 확인해보자.

    셀 **C1** : =2+3

    셀 **C2** : =2−3

    셀 **C3** : =2*3

    셀 **C4** : =2/3

각각의 셀에 계산결과가 표시된다. [수식] 입력줄에 활성 셀에 입력되어진

수식이 표시된다(그림 1.19).

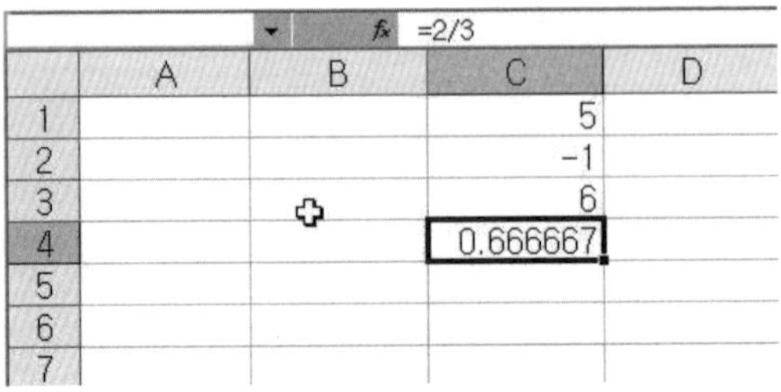

그림 1.19 사칙계산을 한다.

복수의 연산자를 조합하는 것도 가능하다. 이 경우 거듭제곱이 가장 먼저 계산되고 다음으로 곱셈과 나눗셈, 마지막으로 가법과 감법이 계산된다. 우선순위가 같은 연산자는 왼쪽에서 차례로 계산된다.

계산의 우선순위를 변경하기 위하여 괄호를 사용하는 것도 가능하다. 괄호로 둘러싸인 부분이 가장 먼저 계산된다. 예를 들면, [=(3+4)*5/2]라고 입력하면 계산결과는 [17.5]로 된다. 이중 괄호를 겹쳐 넣어 [=((3+4)*5−1)/2]로 하는 것도 가능하다.

1.2.2 셀 참조

▌셀 참조를 사용한 수식

수식의 가운데에 수치나 문자열을 대신하여 셀 참조를 사용하는 것이 가능하다. 셀 참조를 사용하면 계수를 여러 가지로 변화시켜도 같은 수식에서 계산하는 것이 가능하다.

셀 **A1**에 [**1.05**]를 셀 **A2**와 셀 **B2**에 각각 [**200**]과 [**300**]이 입력되어 있을 때 셀 **C2**에 [**=A1*(A2+B2)**]라고 수식을 입력해보자.

셀 참조는 키보드에서 문자 입력뿐만 아니라 해당하는 셀을 클릭하여도 입력할 수 있다. 키보드에서 셀 **C2**에[=]를 입력하고, 셀 **A1**을 클릭하면 [수식] 입력줄에는 [=**A1**]이라 표시한다. 계속해서 키보드에서 [*(]을 입력하고 셀 **A2**를 클릭, [+]을 입력, 셀 **B2**를 클릭, [)]를 입력하면 [=**A1*(A2+B2)**]라고 입력할 수 있다(그림 1.20). 입력을 확정하면 셀 **C2**에는 [525]라고 표시된다.

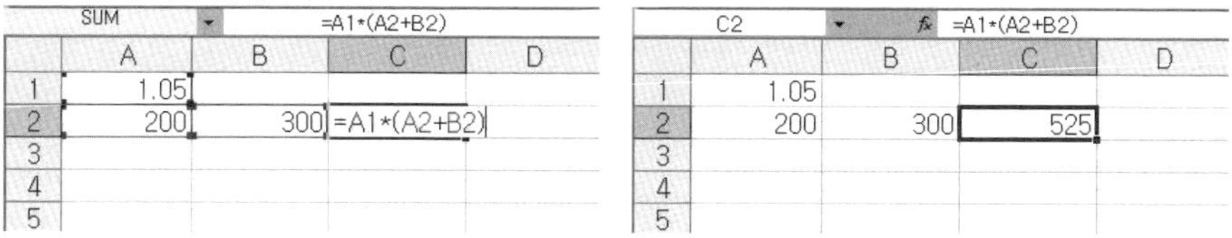

그림 1.20 셀 참조를 사용한 수식을 입력한다.

▌ 상대참조와 절대참조

셀 참조 형식에는 **상대참조**와 **절대참조**, 그리고 이들을 조합시킨 **복합참조**가 있다.

상대참조는 예를 들면, 2열 왼쪽에서 1행 아래 셀이라는 것처럼 수식이 넣어져 있는 셀을 기준으로 하여 상대적인 위치관계를 나타낸 것이다. 한편, 절대참조는 **C**열 제**3**행 셀이라는 것같이 워크시트상의 절대적인 위치를 나타낸다. 복합참조는 열 또는 행의 한쪽을 상대참조, 또 한쪽을 절대참조로 하는 형식이다.

상대참조는 셀을 [**A1**]과 같이 단독으로 열 번호와 행 번호를 나타낸다. 절대참조는 셀을 [**$A$1**]과 같이 열 번호와 행 번호 앞에 [**$**]를 붙여서 나타낸다. 복합참조 경우 열만을 절대참조로 하는 것은 [**$A1**]로 하고, 행만을 절대참조로 하는 것은 [**A$1**]로 나타낸다.

상대참조, 절대참조 및 복합참조는 [F4] 키를 누르면 차례대로 변경할 수 있다. [수식] 입력줄에 [A1]로 표시된 상태에서 [F4] 키를 누르면 [=$A$1]로 된다. 또 한 번 [F4] 키를 누르면 [=A$1]로 되고 다시 [F4] 키를 누르면 [=$A1]로 된다. 여기서 다시 한 번 키를 누르면 [=A1]로 되돌아간다. 또, 수식 중에 셀 참조가 복수인 경우는 [수식] 입력줄에서 삽입 포인터에 가까운 셀 참조가 대상이 된다. 마우스 조작으로 수식 중의 셀 참조를 입력한 경우는 해당하는 셀의 클릭을 계속하여 [F4] 키를 누르는 것과 같게 된다.

셀 참조를 사용한 수식을 복사하거나 참조 우선 셀을 이동하는 경우 셀 참조 형식에 따라 결과가 다르게 될 수 있다. 예를 들면, 셀 A1에는 [1.05]를, 셀 A2와 셀 B2에는 각각 [200]과 [300]을 셀 C2에는 [$A$1*(A2+B2)]를 넣도록 한다. 셀 A3과 셀 B3에는 각각 [400]과 [600]을 입력하고, 셀 C2의 내용을 셀 C3에 복사하면 셀 C3은 [$A$1*(A3+B3)]으로 된다. 절대참조 셀은 변화하지 않고 상대참조 셀은 상대적인 위치관계를 보전하면서 셀을 변경시키게 된다 (그림 1.21).

	C3	▼	fx	=$A$1*(A3+B3)	
	A	B	C	D	
1	1.05				
2	200	300	525		
3	400	600	1050		
4					
5					

그림 1.21 절대참조를 사용한 수식

1.3 Excel 함수를 사용한 수식

1.3.1 Excel 함수

▌Excel 함수의 형식

Excel에는 많은 함수가 준비되어 있다. **Excel 함수**란 이미 정의된 수식으로 수학에서 말하는 함수와는 의미가 다른 것이므로 주의하여야 한다.

Excel 함수는 일반적으로 다음과 같은 형식으로 나타낸다.

함수 명(인수1, 인수2, ·····)

수식에서 함수를 사용하는 것은 [=](반각 등호)에 이어서 함수 명과 인수를 기술한다. 함수 종류에 따라 지정하는 인수 종류나 수는 다르게 된다. 또한, 대부분의 경우 셀 참조를 인수로서 주는 것이 가능하다. 이 경우는 참조 우선 셀에 입력될 데이터 형식에 주의가 필요하다. 인수는 함수에 이어서 [( )](반각 소괄호)로 묶는다. 복수의 인수를 지정하는 함수에서는 인수의 순서가 정해져 있는 것이 있다. 또한, 인수와 인수의 사이는 [,](반각 comma) 등으로 구분한다. 인수를 가지지 않는 함수에서도 이 [( )]를 생략할 수 없다.

함수의 계산결과를 반환하는 값이라고도 한다. 반환 값의 형식은 함수에 따라 다르다.

▌함수의 입력

Excel 함수는 키보드에서 직접 입력하는 것도 있고, [함수 마법사] 다이얼로 그 상자 등에서 목적의 함수를 선택하여 입력하는 것도 가능하다. 또한, 도구

막대의 [자동 합계] 버튼을 클릭하여 합계를 구하는 **SUM 함수**를 재빠르게 삽입하는 것도 가능하다.

예로서 셀 **A1 ~ A5**에 입력된 수치의 합계를 셀 **A6**에 구하는 것을 고려해 본다(그림 1.22).

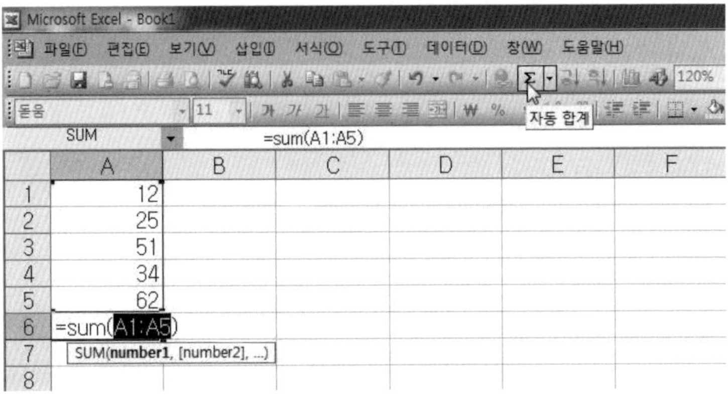

그림 1.22 [자동 합계] 버튼에 의한 SUM 함수의 삽입

1. 셀 A6을 활성화하여 [자동 합계] 버튼을 클릭한다.

   Excel이 집계한 셀 범위를 추측하여 [=**SUM(A1:A5)**]이라는 수식을 삽입한다. 셀 범위를 수정하는 것도 가능하다.

2. 입력을 확정한다([Enter] 키를 누르던지 [수식 입력줄]의 [입력] 버튼을 클릭한다).

   셀 **A6**에 계산결과가 표시된다.

SUM 함수는 이 경우에서 [=**A1+A2+A3+A4+A5**]와 동등하다. +연산자와 달리 **SUM** 함수를 사용하면 셀 범위로 지정할 수 있다는 이점이 있다. 연속하지 않는 복수의 셀 범위를 [,]로 구분하여 지정하는 것도 가능하다.

Excel 2002 이하에서는 [자동 합계] 버튼 오른쪽에 있는 하향 화살표를 클릭하면 표시되는 드롭다운 리스트에서 사용빈도가 많은 [평균], [데이터의 개수], [최댓값] 및 [최솟값]을 구하는 함수(**AVERAGE, COUNT, MAX** 및 **MIN** 함수)를 삽입할 수 있다.

다음으로 [함수 마법사] 다이얼로그 상자를 사용하여 함수를 삽입하는 방법을 살펴보자. 예로서 절댓값을 구하는 **ABS함수**를 사용하여 셀 **A1** 값에서 셀 **B1** 값을 뺄셈한 값의 절댓값을 셀 **C1**에 구해봅니다.

1. 수식을 삽입할 셀(여기서는 셀 **C1**)을 활성화하여 수식 입력줄의 [함수 마법사] 버튼을 클릭한다(그림 1.23).

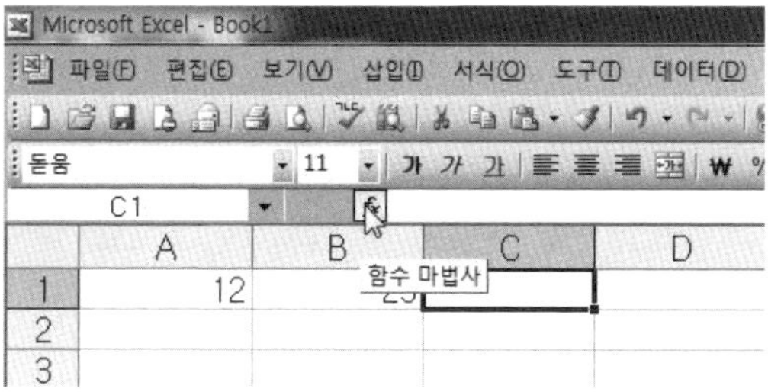

그림 1.23 [함수 마법사] 버튼

[함수 마법사] 다이얼로그 상자가 열린다(그림 1.24).

Excel 함수는 [날짜/시간], [수학/삼각], [논리] 등으로 분류되어 있다. **ABS** 함수는 [수학/삼각]으로 분류되어 있다.

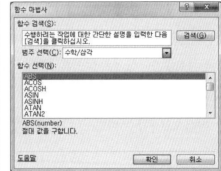

그림 1.24 [함수 마법사] 다이얼로그 상자

2. [범주 선택] 리스트에서 [수학/삼각]을 선택한다.

   이 범주에 속하는 함수가 표시된다.

3. 함수 선택(여기서는 [**ABS**])을 클릭한다.

   그 함수 기능의 개요가 표시된다.

4. [확인] 버튼을 클릭한다.

   [함수 인수] 다이얼로그 상자가 열린다(그림 1.25).

   여기서 필요한 인수를 지정한다. 인수를 묶는 괄호나 인수를 구분하는 콤마는 자동적으로 입력된다.

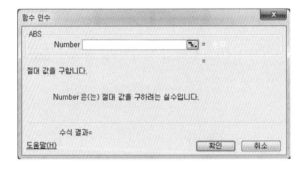

그림 1.25 [함수 인수] 다이얼로그 상자

5. 워크시트의 셀 **A1**을 클릭한다.

[Number] 상자에 [**A1**]로 표시된다(그림 1.26).

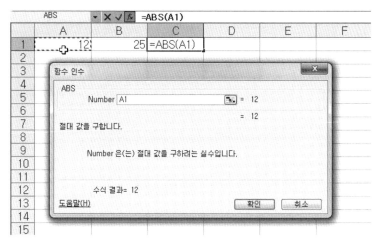

그림 1.26 인수를 지정한다. (1)

6. [**A1**]에 이어서 [−]를 입력하고, 셀 **B1**를 클릭한다(그림 1.27).

7. [확인] 버튼을 클릭한다.

셀 **C1**에 계산결과(이 경우 [13])가 표시된다.

[함수 인수] 다이얼로그 상자에 인수로 셀 참조를 마우스 클릭하여 입력하려고 할 때 다이얼로그 상자가 워크시트를 숨겨버리는 경우는 인수를 입력하는 상자의 오른쪽에 있는 [다이얼로그 축소] 버튼을 클릭한다. 다이얼로그 상자가 작아지고 배후에 숨은 워크시트에 마우스로 셀을 클릭할 수 있다(그림 1.28). 셀을 클릭하고 다시 버튼을 클릭하면 [함수 인수] 다이얼로그 상자가 원래대로 표시된다.

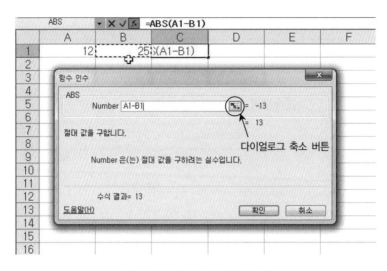

그림 1.27 인수를 지정한다. (2)

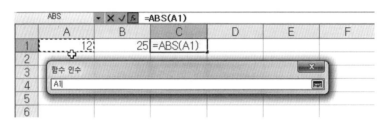

그림 1.28 다이얼로그 상자를 축소한다.

1.3.2 에러 값과 대처방법

▌주된 에러 값

수식에 잘못이 있는 경우 등 답이 구해지지 않을 때, 계산결과 대신에 **에러 값**이 반환되는 경우가 있다. 주된 에러 값은 다음과 같다.

#DIV/0! : [0]으로 나눗셈하였다.

#NAME?   : 올바르지 않는 함수 명을 지정하였다.

#VALUE!   : 산술수식에 문자열이 사용되었다.

#REF!   : 참조 우선 셀 범위가 삭제되었다.

#NUM!   : 인수로 부적절한 수치를 지정하였다.

▌ 에러 대처방법

에러 원인을 제거하여 수식을 수정한다.

Excel 2002 이하에서는 에러가 있는 셀을 활성화하면 [에러 추적(trace)] 버튼이 표시된다. 이 버튼을 클릭하면 에러 체크의 옵션을 선택할 수 있다(그림 1.29).

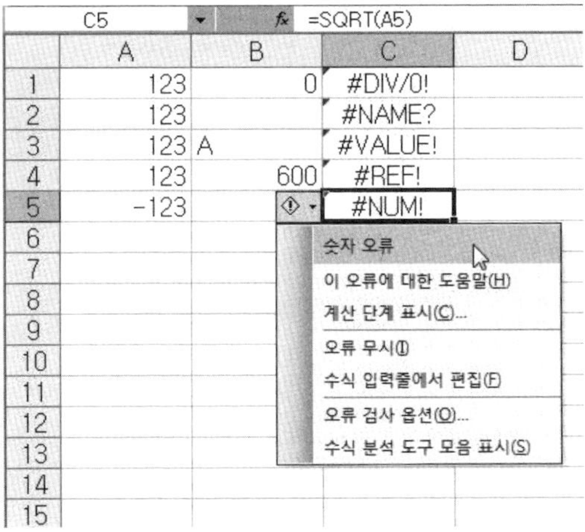

그림 1.29 에러 체크의 옵션

방정식 · 함수와 그래프

제 2 장
방정식 · 함수와 그래프

2.1 1차방정식과 그래프

2.1.1 1차방정식

▌1차방정식 풀이

수량 사이 관계를 등호로 나타낸 식을 **등식**이라고 말한다. 등식에는 크게 4개 성질이 있다. 좌변을 A라 하고, 우변을 B라 하여 $A = B$가 성립되면 다음 성질이 성립한다.

(1) 양변에 같은 수를 더해도 성립한다.

$$A + C = B + C$$

(2) 양변에 같은 수를 빼도 성립한다.

$$A - C = B - C$$

(3) 양변에 같은 수를 곱해도 성립한다.

$$A \times B = B \times C$$

(4) 양변에 같은 수(단, 0은 제외)를 나누어도 성립한다.

$$\frac{A}{C} = \frac{B}{C} \ \ (C \neq 0)$$

이들 성질을 사용하여 1차함수 양변을 정리하여 $ax = b$ 모양으로 계산할 수 있다. 마지막으로 양변을 x의 계수[여기서는 a(단, a≠0)]로 나누어 x 값을 구한다. 이와 같은 계산을 **1차방정식을 풀이**한다고 말한다.

예제 2-1	등식 $2(3x+4)=50$의 좌변에 1에서 10까지 정수를 대입하여 아래 표를 완성하고, 1차방정식을 풀이하시오.									
x	1	2	3	4	5	6	7	8	9	10
$2(3x+4)$										

💥 **해 답**

$x = 1$일 때, 2(3×1+4)=14

$x = 2$일 때, 2(3×2+4)=20

⋮

x = 7일 때, 2(3×7+4)=50

⋮

x = 10일 때, 2(3×10+4)=68

따라서, 표는 다음과 같다.

x	1	2	3	4	5	6	7	8	9	10
$2(3x+4)$	14	20	26	32	38	44	50	56	62	68

그러므로 좌변이 50이 되는 것은 x가 7일 때인 것을 알 수 있다. 그 결과 방정식 해는 $x=7$로 된다.

Excel에 의한 해법 •Ref : [Math0201.xls]의 [예제 2-1] 시트

그림 2.1과 같이 워크시트를 작성한다. 셀 C3에 입력한 수식은 [=2*(3*C2+4)]이다. 이것을 셀 범위 D3:L3에 복사한다.

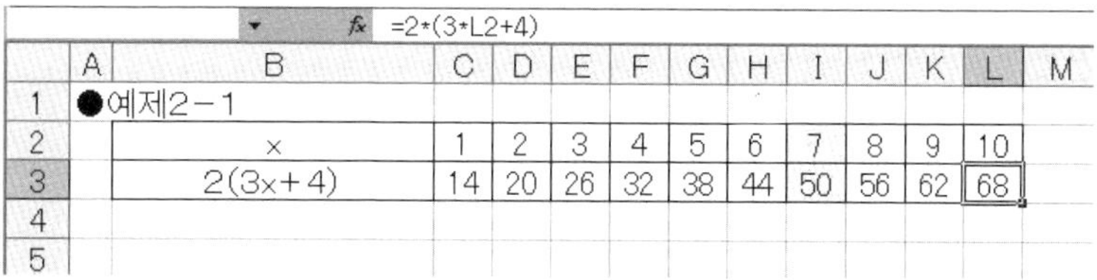
=2*(3*L2+4)

	A	B	C	D	E	F	G	H	I	J	K	L	M
1	●예제2−1												
2		x	1	2	3	4	5	6	7	8	9	10	
3		2(3x+4)	14	20	26	32	38	44	50	56	62	68	
4													
5													

그림 2.1 [예제 2-1]의 워크시트

등식 $2(3x+4)=50$을 등식의 성질을 이용하여 풀이하시오.

⟫ 해 답

양변을 2로 나눈다.

$$(3x+4)=25$$

양변에서 4를 뺀다.

$$3x=21$$

마지막으로 x의 계수인 3으로 양변을 나눈다.

$$x=7$$

따라서, 방정식 해는 $x=7$이 된다(물론, 이 답은 표에서 구한 답과 일치한다).

연속하는 3개 짝수가 있는데 그 합이 108이다. 이때, 3개 짝수를 구하시오.

⟫ 해 답

한가운데에 있는 짝수를 x로 하면 다른 나머지 짝수는 $x-2$와 $x+2$로 된다.

따라서,

$$(x-2)+x+(x+2)=108$$

$$3x=108$$

$$x=36$$

그러므로 3개 짝수는 34, 36, 38이 된다.

2.1.2 차트 작성

▌차트 작성 순서의 개요

Excel에는 강력한 차트 작성 기능이 있다. 차트 작성의 일반적인 순서는 다음과 같다.

1. 워크시트에 표를 작성한다.
2. 차트로 할 셀 범위를 선택한다.
3. [차트 마법사]를 사용하여 필요사항을 선택/지정한다.
4. 작성된 차트를 필요에 따라 조정한다.

▌차트 마법사로 차트를 작성 ● Ref : [Math0201.xls]의 [차트] 시트

예제 2-1에서 작성한 표를 Excel을 사용하여 차트로 만들어보자

1. 워크시트에서 차트 원 데이터를 선택한다. 여기서는 셀 범위 B2:L3을 드래그한다(그림 2.2).

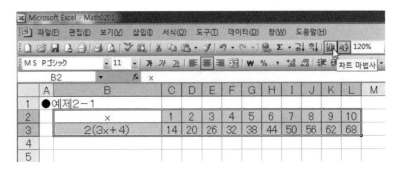

그림 2.2 데이터 범위의 선택과 [차트 마법사] 버튼

2. [표준] 도구 막대의 [차트 마법사] 버튼(그림 2.2)을 클릭한다. [차트 마법
   사-4단계 중 1단계-차트 종류] 다이얼로그 상자(그림 2.3)가 표시된다.

그림 2.3 [차트 마법사-4단계 중 1단계-차트 종류] 다이얼로그 상자

● Hint

[차트 마법사]의 어떤 다이얼로그 상자에서도 [마침] 버튼을 클릭하면 아래와 같은 마법사를
생략하고 차트를 작성할 수있다.

3. [차트 종류]에서 [분산형]을 선택한다.

   [차트 하위 종류]에서 그 차트의 형식들이 표시된다.

4. [차트 하위 종류]에서 [곡선으로 연결된 분산형]을 선택한다(그림 2.4).

• Hint
이 경우 차트는 직선으로 되므로 [차트 하위 종류]에서 [꺾은선으로 연결된 분산형]을
지정하여도 좋다.

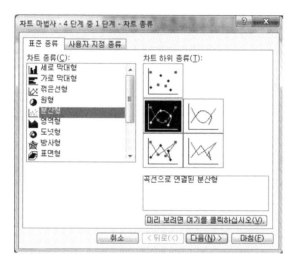

그림 2.4 [차트 종류]와 [차트 하위 종류]를 선택

• Hint
[미리 보려면 여기를 클릭하십시오] 버튼을 클릭하면 작성된 차트의 이미지가 표시된다.

5. [다음] 버튼을 클릭한다.

   [차트 마법사−4단계 중 2단계−차트 원본 데이터] 다이얼로그 상자(그
   림 2.5)가 표시된다.

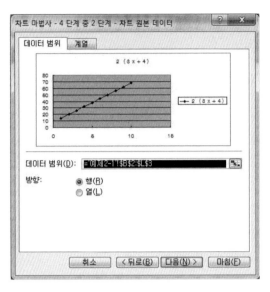

그림 2.5 [차트 마법사 – 4단계 중 2단계 – 차트 원본 데이터] 다이얼로그 상자

6. [다음] 버튼을 클릭한다.

   [차트 마법사–4단계 중 3단계–차트 옵션] 다이얼로그 상자가 표시된다.

● Hint

차트 옵션은 차트를 작성한 뒤에도 [차트] 메뉴의 [차트 옵션]에서 추가하거나 변경할 수 있다.

7. [제목] 탭을 클릭하고, 차트 제목이나 축의 레이블을 지정한다. 여기서는
   [x(값) 축]에 [x], [y(값) 축]에 [y]를 입력한다(그림 2.6).

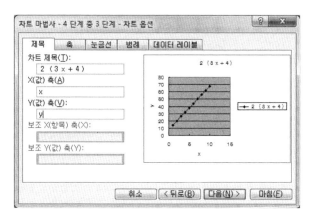

그림 2.6 [제목] 탭

8. [눈금선] 탭을 클릭하고, 주 눈금선이나 보조 눈금선을 표시할 것인지 아닌지를 지정한다. 여기서는 [x(값) 축]의 [주 눈금선]과 [보조 눈금선], [y(값) 축]의 [주 눈금선]에 체크를 한다(그림 2.7).

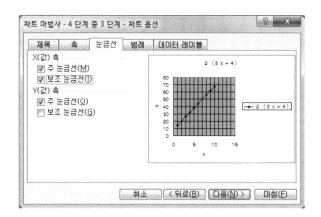

그림 2.7 [눈금선] 탭

9. [범례] 탭을 클릭하고, 범례 표시/비표시나 표시할 위치를 지정한다. 여기서는 범례가 불필요하므로 [범례 표시]의 체크를 하지 않는다(그림 2.8).

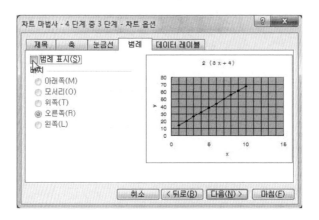

그림 2.8 [범례] 탭

10. [다음] 버튼을 클릭한다.

[차트 마법사-4단계 중 4단계-차트 위치] 다이얼로그 상자가 표시된
다(그림 2.9).

그림 2.9 [차트 마법사-4단계 중 4 단계-차트 위치] 다이얼로그 상자

11. [마침] 버튼을 클릭한다.

차트가 작성된다(그림 2.10).

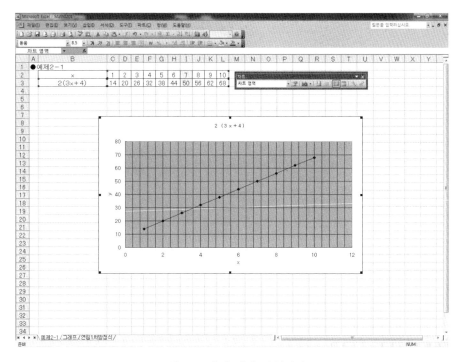

그림 2.10 [차트]가 작성된다.

▌차트 작성 후 변경

Excel의 차트는 데이터 계열(분산형이나 꺾은선 차트의 [점]이나 [선], 막대 차트의 [막대] 등으로 표시되는 일련의 데이터), x축이나 y축, 주 눈금선이나 보조 눈금선, 제목이나 범례 등 많은 요소로 구성되어 있다. **차트 구성 요소의** 이름이나 값은 그 구성요소에 마우스 포인트를 일치시킬 때 표시되는 [팝 힌트(pop hint : 말풍선)]에서 확인할 수 있다(그림 2.11).

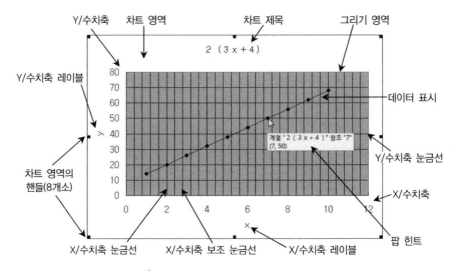

그림 2.11 차트 구성요소와 팝 힌트(pop hint : 말풍선)

워크시트 위에서 작성된 차트를 활성화하면 핸들이 표시되어 이것을 마우스로 드래그하면 차트의 크기를 바꿀 수 있다. 핸들 이외의 장소를 드래그하면 위치를 변경할 수 있다.

작성한 차트를 변경하는 명령은 [차트] 메뉴와 [차트] 도구모음에 정리되어 있다.

▌[차트] 메뉴

[차트] 메뉴는 차트가 활성화될 때 [데이터] 메뉴로 바뀌어 표시된다(그림 2.12). 또한, 각각의 메뉴를 선택했을 때 동작을 표로 정리하였다.

그림 2.12 [차트] 메뉴

메뉴	동작
[차트 종류]	[차트 마법사] 다이얼로그 상자 4단계 중 1단계와 같은 화면을 연다.
[원본 데이터]	[차트 마법사] 다이얼로그 상자 4단계 중 2단계와 같은 화면을 연다.
[차트 옵션]	[차트 마법사] 다이얼로그 상자 4단계 중 3단계와 같은 화면을 연다.
[위치]	[차트 마법사] 다이얼로그 상자 4단계 중 4단계와 같은 화면을 연다.
[데이터 추가]	차트에 추가할 데이터 범위를 설정하는 화면을 연다.
[추세선 추가]	차트에 추가할 추세선을 설정하는 화면을 연다. 차트의 종류에 따라서는 선택할 수 없다.
[3차원 보기]	3차원 차트의 각종 설정을 행하는 화면을 연다. 2차원 차트의 경우는 선택할 수 없다.

그래프 구성요소를 추가하거나 변경하는 것은 [차트 옵션] 메뉴를 선택하면 표시되는 [차트 옵션] 다이얼로그 상자에서 한다.

▌[차트] 도구모음

[차트] 도구모음은 차트가 활성화할 때 표시된다(그림 2.13). 또한, 각 객체의 목적이나 동작을 다음 표에 정리하였다(그림 가운데의 번호는 표의 번호와

대응하고 있다). 차트를 활성화하여도 [차트] 도구모음이 표시되지 않을 때는 [보기]−[도구모음] 메뉴에서 [차트]를 체크한다.

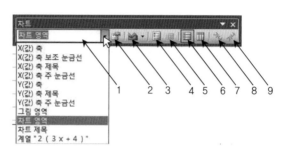

그림 2.13 [차트] 도구모음

번호	객체	목적/동작
1	[차트 객체] 상자	차트 요소를 표시하거나 선택한다.
2	[서식] 버튼	선택한 차트 요소 [서식] 다이얼로그 상자를 연다.
3	[차트 종류] 팔렛(pallet)	변경할 차트 종류를 선택한다.
4	[범례] 버튼	범례의 표시/비표시를 바꾼다.
5	[데이터 테이블] 버튼	데이터 테이블의 표시/비표시를 바꾼다.
6	[계열을 행 방향 정의] 버튼	계열의 방향을 행으로 한다.
7	[계열을 열 방향 정의] 버튼	계열의 방향을 열로 한다.
8	[왼쪽 45° 회전] 버튼	선택한 문자열을 왼쪽 위로 45° 회전한다.
9	[오른쪽 45° 회전] 버튼	선택한 문자열을 오른쪽 위로 45° 회전한다.

▮ 구성요소의 서식설정

구성요소 설정을 변경하기 위해서는 목적하는 구성요소를 선택하여 서식을 설정한다. 차트 구성요소를 더블 클릭하면 그 요소의 [서식] 다이얼로그 상자가 표시된다. [차트] 도구모음의 [차트 객체] 리스트 상자에서 목적하는 구성요소를 선택한다. [서식] 버튼을 클릭하여도 [서식] 다이얼로그 상자를 표시시

.킬 수 있다. 또한, 구성요소에 마우스 포인트를 일치시켜 오른쪽 클릭하면 단축 메뉴가 표시되고 여기서 차트 변경에 관한 명령을 선택하는 것도 가능하다.

서식설정의 항목은 그 구성요소에 따라 다르다. 예로서 [데이터 계열 서식] 다이얼로그 상자는 그림 2.14이고, [축 서식] 다이얼로그 상자는 그림 2.15와 같다.

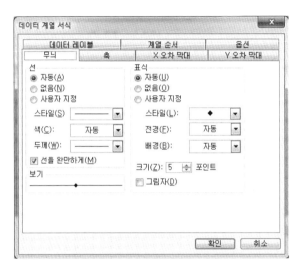

그림 2.14 데이터 계열의 서식설정

● **Hint**
분산형의 경우, [선]은 데이터 포인터를 연결한 선 [표식]은 데이터 포인터를 보여주는 점이다. [선을 완만하게]를 체크하면 데이터 포인터는 부드러운 곡선으로 되고 체크하지 않으면 꺽은선으로 된다.

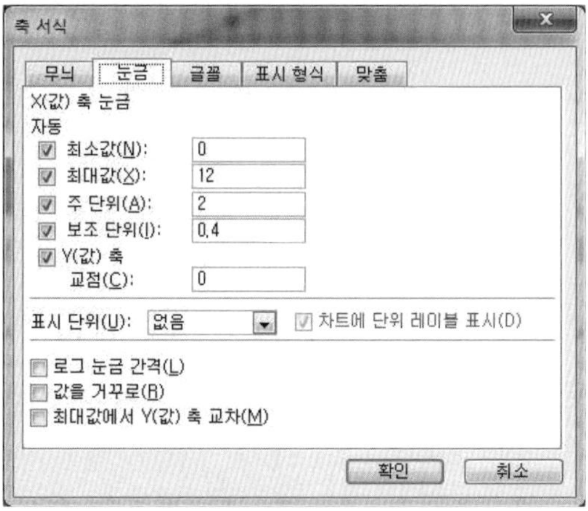

그림 2.15 축의 서식설정

2.1.3 연립 1차방정식

▌연립 1차방정식을 풀어보자

2개 문자(예를 들면 x와 y)를 포함한 1차방정식을 2원 1차방정식이라 한다. 이 2원 1차방정식을 2개 이상 조합한 것을 연립 1차방정식이라 한다. 연립 1차방정식은 가감법이나 대입법(동시에 1개 문자를 소거한다) 등에 의하여 풀이할 수 있다.

단, 연립 1차방정식은 문제에 따라서는 해가 1조로 결정되지 않는 경우가 있다. 예를 들면, 다음과 같다.

$$\begin{cases} x + 2y = 4 \\ 2x + 4y = 8 \end{cases}$$

결국, 2개 2원 1차방정식은 같은 것이고, $x + 2y = 4$를 만족하는 모든 x와

y 값이 해가 된다. 2개의 2원 1차방정식을 그래프로 나타내면 이들은 겹쳐진다(그림 2.16).

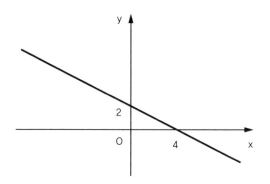

그림 2.16 $x + 2y = 4$와 $2x + 4y = 8$의 그래프

또한,

$$\begin{cases} x + 2y = 4 \\ x + 2y = 6 \end{cases}$$

일 때, 가감법에도 대입법에도 문자가 동시에 소거되어 버린다. 2개의 2원 1차방정식을 그래프로 나타내면 이들은 평행 관계이고, 교점이 없는 것을 알 수 있다. 역으로 말하면 1조로 결정되는 연립 1차방정식의 해란 각각의 그래프에 1개 교점으로 이루어지는 것을 알 수 있다. 이는 [2.1.5 연립 1차방정식의 해와 그래프]에서 확인할 수 있다.

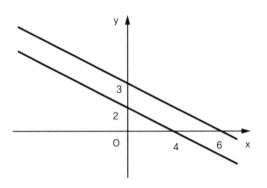

그림 2.17 $x + 2y = 4$와 $x + 2y = 6$의 그래프

| 예 제
2-4 | 연립 1차방정식 $2x + 3y = 3$, $3x - 8y = 17$을 풀이하시오. |

💬 해 답

－가감법－

$$\begin{cases} 2x + 3y = 3 & \quad\quad (1) \\ 3x - 8y = 17 & \quad\quad (2) \end{cases}$$

x를 소거하기 위하여 (1)은 3배하고, (2)는 2배하여 x의 계수를 같게 한다.

$$(1) \times 3 \qquad 6x + 9y = 9$$
$$(2) \times 2 \qquad -)\underline{6x - 16y = 34}$$
$$25y = -25$$
$$y = -1$$

$y = -1$을 (1)에 대입한다.

$$2x + 3 \times (-1) = 3$$

$$2x = 6$$

$$x = 3$$

따라서 $x = 3$, $y = -1$이 연립방정식의 해가 된다.

<table>
<tr><td>예 제
2-5</td><td>연립방정식 $7x - 8y = -6$, $x = 12y - 9$를 풀이하시오.</td></tr>
</table>

▷ 해 답

－대입법－

$$\begin{cases} 7x - 8y = -6 & (1) \\ x = 12y - 9 & (2) \end{cases}$$

(2)를 (1)에 대입하여 x를 소거한다.

$$7(12y - 9) - 8y = -6$$

$$84y - 63 - 8y = -6$$

$$76y = 57$$

$$y = \frac{57}{76} = \frac{3}{4}$$

$y = \dfrac{3}{4}$ 을 (2)에 대입한다.

$$x = 12 \times \dfrac{3}{4} - 9$$

$$= 9 - 9 = 0$$

따라서, $x=0$, $y = \dfrac{3}{4}$ 이 연립방정식의 해가 된다.

2.1.4 연립 1차방정식과 역행렬

▌어디서 물건을 사느냐?

전단지에 의하면 가까운 가게 A에서는 화장지 5개 묶음이 300원, 세제가 250원이다. 조금 먼 곳의 가게 B에서는 화장지 5개 묶음이 280원, 세제가 270원이다. 만약, 1개씩 사면

$$300 \times 1 + 250 \times 1 = 550$$
$$280 \times 1 + 270 \times 1 = 550$$

으로 된다. 이들의 가격을 종횡으로 나란히 하여

$$\begin{pmatrix} 300 & 250 \\ 280 & 270 \end{pmatrix}$$

와 같이 실수의 조합으로 정사각형이나 직사각형으로 배열하고 양단을 팔호로

묶은 것을 행렬이라 한다. 이 행렬을 사용하여 화장지 5개 묶음을 x개, 세제
를 y개 사고자 하면 행렬의 곱은 다음과 같다.

$$\begin{pmatrix} 300 & 250 \\ 280 & 270 \end{pmatrix} \begin{pmatrix} x \\ y \end{pmatrix} = \begin{pmatrix} 300x + 250y \\ 280x + 270y \end{pmatrix}$$

이 경우 각각 몇 개를 살 것인지, 어느 가게에서 사는 물건이 싸게 되는지를
연관 지을 수 있다.

행렬의 곱

$$\begin{pmatrix} a & b \\ c & d \end{pmatrix} \begin{pmatrix} e \\ g \end{pmatrix} = \begin{pmatrix} ae + bg \\ ce + dg \end{pmatrix} \qquad \begin{pmatrix} a & b \\ c & d \end{pmatrix} \begin{pmatrix} e & f \\ g & h \end{pmatrix} = \begin{pmatrix} ae + bg & af + bh \\ ce + dg & cf + dh \end{pmatrix}$$

이 행렬의 곱을 사용하면 연립 1차방정식을 행렬의 모양으로 나타낼 수 있
다. 예를 들면, 예제 2-4는 다음과 같이 나타낼 수 있다.

$$\begin{pmatrix} 2 & 3 \\ 3 & -8 \end{pmatrix} \begin{pmatrix} x \\ y \end{pmatrix} = \begin{pmatrix} 3 \\ 17 \end{pmatrix}$$

이때, $\begin{pmatrix} x \\ y \end{pmatrix}$의 앞의 2행 2열의 행렬은 역행렬이라는 것을 가질 때와 가지지
않을 때가 있다.

행렬 $A = \begin{pmatrix} a & b \\ c & d \end{pmatrix}$ 에 대하여

$ad - bc \neq 0$일 때, 역행렬은 $A^{-1} = \dfrac{1}{ad - bc} \begin{pmatrix} d & -b \\ -c & a \end{pmatrix}$

$ad - bc = 0$일 때, A의 역행렬은 존재하지 않는다.

A의 역행렬이 존재할 때, $AA^{-1} = A^{-1}A = E$

여기서, E는 2행 2열의 단위행렬 $E = \begin{pmatrix} 1 & 0 \\ 0 & 1 \end{pmatrix}$

▌역행렬에 의한 연립 1차방정식의 해법

연립 1차방정식은 역행렬을 사용하여 해를 구할 수 있다. 이 방법은 Excel 을 사용할 경우 편리하다.

예를 들면, x, y를 미지수로 하는 연립 1차방정식

$$\begin{cases} ax + by = p \\ cx + dy = q \end{cases}$$

는, 행렬

$$A = \begin{pmatrix} a & b \\ c & d \end{pmatrix}, \quad X = \begin{pmatrix} x \\ y \end{pmatrix}, \quad P = \begin{pmatrix} p \\ q \end{pmatrix}$$

를 이용하여 $AX = P$로 표현할 수 있다.

행렬 A가 역행렬 A^{-1}를 가질 때 $AX = P$ 양변에 왼쪽에서 A^{-1}을 곱하면

$$A^{-1}(AX) = A^{-1}P$$

로 된다. 여기서, 좌변은

$$A^{-1}(AX) = (A^{-1}A)X = EX = X (여기서,\ E는\ 2행\ 2열의\ 단위행렬)$$

로 되므로 $AX = P$ 해는 $X = A^{-1}P$로 표현할 수 있다. 그런데

$$B = \begin{pmatrix} e & f \\ g & h \end{pmatrix}$$

로 하고, B가 A의 역행렬일 때 $AB = E$이므로

$$\begin{pmatrix} a & b \\ c & d \end{pmatrix}\begin{pmatrix} e & f \\ g & h \end{pmatrix} = \begin{pmatrix} ae+bg & af+bh \\ ce+dg & cf+dh \end{pmatrix} = \begin{pmatrix} 1 & 0 \\ 0 & 1 \end{pmatrix}$$

가 성립한다. 이들에서

$$ae + bg = 1, \quad af + bh = 0$$

$$ce + dg = 0, \quad cf + dh = 1$$

로 되고, 이 계산을 계속하면 $ad - bc \neq 0$일 때

$$e = \frac{d}{ad-bc}, \quad f = \frac{-b}{ad-bc}, \quad g = \frac{-c}{ad-bc}, \quad h = \frac{a}{ad-bc}$$

로 된다. 실제,

$$A\,A^{-1} = \begin{pmatrix} a\ b \\ c\ d \end{pmatrix} \cdot \frac{1}{ad-bc} \begin{pmatrix} d & -b \\ -c & a \end{pmatrix}$$

$$= \frac{1}{ad-bc} \begin{pmatrix} ad-bc & -ab+ab \\ cd-cd & -bc+ad \end{pmatrix} = \begin{pmatrix} 1\ 0 \\ 0\ 1 \end{pmatrix}$$

로 된다. $ad-bc=0$일 때, A의 역행렬은 존재하지 않는다.

구체적으로 연립 1차방정식의 해는

$$A^{-1} = \frac{1}{ad-bc} \begin{pmatrix} d & -b \\ -c & a \end{pmatrix}$$

이므로 x, y는

$$\begin{pmatrix} x \\ y \end{pmatrix} = \frac{1}{ad-bc} \begin{pmatrix} d & -b \\ -c & a \end{pmatrix} \begin{pmatrix} p \\ q \end{pmatrix} = \frac{1}{ad-bc} \begin{pmatrix} dp-bq \\ -cp+aq \end{pmatrix} = \begin{pmatrix} \dfrac{dp-bq}{ad-bc} \\ \dfrac{-cp+aq}{ad-bc} \end{pmatrix}$$

로 구할 수 있다.

예 제 2-6	예제 2-4의 연립방정식 $2x+3y=3$, $3x-8y=17$을 역행렬을 사용하여 풀이하라.

해 답

이 연립방정식은

$$\begin{pmatrix} 2 & 3 \\ 3 & -8 \end{pmatrix}\begin{pmatrix} x \\ y \end{pmatrix} = \begin{pmatrix} 3 \\ 17 \end{pmatrix} \tag{1}$$

로 표현할 수 있다.

$A = \begin{pmatrix} 2 & 3 \\ 3 & -8 \end{pmatrix}$ 로 하면 이 역행렬 A^{-1}은

$$A^{-1} = \frac{1}{2 \times (-8) - 3 \times 3}\begin{pmatrix} -8 & -3 \\ -3 & 2 \end{pmatrix} = \frac{1}{-25}\begin{pmatrix} -8 & -3 \\ -3 & 2 \end{pmatrix}$$

로 되고, 행렬 A는 역행렬 A^{-1}을 가진다. 그래서 (1)의 양변에 왼쪽에서 A^{-1}을 곱하면

$$\begin{pmatrix} x \\ y \end{pmatrix} = -\frac{1}{25}\begin{pmatrix} -8 & -3 \\ -3 & 2 \end{pmatrix}\begin{pmatrix} 3 \\ 17 \end{pmatrix} = -\frac{1}{25}\begin{pmatrix} -24 + (-51) \\ -9 + 34 \end{pmatrix}$$
$$= -\frac{1}{25}\begin{pmatrix} -75 \\ 25 \end{pmatrix} = \begin{pmatrix} 3 \\ -1 \end{pmatrix}$$

로 되어 $x = 3$, $y = -1$이 연립방정식의 해로 된다(물론, 이 답은 예제 2-4에서 구한 답과 일치한다).

2.1.5 연립 1차방정식 해와 그래프

▌연립 1차방정식을 그래프를 사용하여 해를 구해보자

x, y에 대한 연립 1차방정식 $ax + by = p$, $cx + dy = q$의 해는 각각 방정식 그래프의 교점 x좌표, y좌표로 표현된다. 그래서 예제 2-4의 연립 1차방정식

$2x + 3y = 3$ … (1), $3x - 8y = 17$ … (2)에 대하여 그래프를 사용하여 해를 구해보자.

(1)에서

$$3y = -2x + 3$$

$$y = -\frac{2}{3}x + 1$$

(2)에서

$$-8y = -3x + 17$$

$$y = \frac{3}{8}x - \frac{17}{8}$$

방정식 (1)을 만족하는 x, y의 값 (x, y)를 좌표로 하는 점 전체를 모은 것은 기울기 $-\frac{2}{3}$, 절편이 1인 그림 2.18의 오른쪽 아래의 직선 (1)이 된다. 마찬가지로 방정식 (2)를 만족하는 x, y의 값 (x, y)를 좌표로 하는 점 전체를 모은 것은 기울기 $\frac{3}{8}$, 절편이 $-\frac{17}{8}$인 그림 2.18의 오른쪽 위의 직선 (2)가 된다. 그러므로 직선 (1)과 직선 (2)의 교점 좌표는 방정식 (1), (2)의 양쪽을 만족하는 x, y의 값으로 되는 것을 알 수 있다. 그림과 같이 교점 좌표는 $(3, -1)$이므로 연립방정식의 해는 $x = 3$, $y = -1$이 된다.

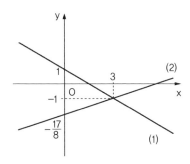

그림 2.18 $2x + 3y = 3$과 $3x - 8y = 17$의 그래프

▌Excel을 사용하여 연립 1차방정식을 풀어보자

● Ref : [Math0201.xls]의 [연립 1차방정식] 시트

Excel 워크시트에서 연립 1차방정식을 풀어보자. $ax + by = p$ … (1), $cx + dy = q$ … (2)의 계수 a, b, c, d, p 및 q를 입력하면 해 x, y를 구할 수 있고, 그래프로도 표현한다. 그림 2.19를 참조하시오.

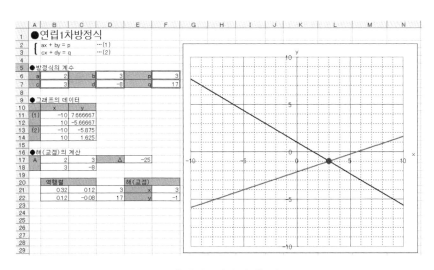

2.19 [연립 1차방정식] 시트

▌계수의 입력

계수 a, b, c, d, p 및 q는 셀 B6, D6, F6, B7, D7 및 F7에 입력한다. 다음과 같은 연립 1차방정식으로 되면

$$\begin{cases} 2x + 3y = 3 & \text{(1)} \\ 3x - 8y = 17 & \text{(2)} \end{cases}$$

각각의 셀에 입력한 값은 셀 B6은 [2], 셀 D6은 [3], 셀 F6은 [3], 셀 B7은 [3], 셀 D7은 [-8], 셀 F7은 [17]로 된다.

$x + y = 3$과 같이 계수가 생략된 식에서는 해당하는 계수에 [1]을 입력한다. 또한, $x = 4$나 $2y = 5$와 같은 식에서는 존재하지 않는 y나 x항의 계수에 [0]을 입력한다. 단, x와 y 계수 둘 다 함께 [0]으로 되는 경우는 고려하지 않는다.

▌그래프의 데이터

1차함수 경우 좌표상의 2점을 연결하면 그래프를 그리는 것이 가능하다. 여기서는 좌표의 범위 x와 y에 대하여 각각 $-10 \sim 10$으로 하고, 좌표의 양단에 위치한 2점을 찍고 그것을 선으로 연결한 분산도를 만든다.

식 (1)과 식 (2)에 대하여 각각 2점씩 x, y 좌표를 구한다. 식 (1)의 1번째 점의 x 좌표를 셀 B11에 y 좌표를 셀 C11에 계산한다. 2번째 점의 x 좌표를 셀 B12에 y 좌표를 셀 C12에 계산한다. 식 (2)의 2개의 점도 마찬가지로 하여 셀 B13 ~ C14에 계산한다.

먼저, 셀 B11은 식 (1)의 1번째 점의 x 좌표로 좌표 좌단에 있는 [-10]으로 한다. 셀 C11에서는 $x = -10$일 때 y 값을 구한다. $ax + by = p$의 x에

−10을 대입하여 정리하면

$$-10a + by = p$$

$$y = \frac{p - (-10a)}{b}$$

으로 되므로 셀 C11에 입력한 수식은 [=(F6−B6*B11)/D6]이다.

그러나 이것은 $b = 0$(즉, 셀 D6이 [0])일 때는 y 좌표를 구할 수 없다. 그래서 $b = 0$일 때는 셀 C11에 입력하는 y 좌표를 좌표 하단에 있는 [−10]으로 하고 셀 B11에 x 값을 구할 수 있도록 한다. $ax + by = p$에 $b = 0$을 대입하여 정리하면

$$ax = p$$

$$x = \frac{p}{a}$$

로 되므로 셀 B11에 입력한 수식은 [=F6/B6]이다.

이를 정리하면 다음과 같다.

- $b \neq 0$(즉, 셀 D6이 [0]이 아님)일 때
  셀 B11 : −10
  셀 C11 : =(F6−B6*B11)/D6

- $b = 0$(즉, 셀 D6이 [0])일 때
  셀 B11 : =F6/B6

셀 C11 : −10

Excel에서 어떤 조건에 따라 다른 처리를 하는 경우는 **IF 함수**를 사용한다. IF 함수의 서식은

=If(판별식, 참인 경우, 거짓인 경우)

이다. 판별식은 [D6=0]과 같은 논리식을 주는 것이다. [D6=0]이 올바른 것이면 [참의 경우]를 처리하고, 잘못되어 있으면 [거짓의 경우]를 처리한다.

예를 들어, 셀 B11과 C11에는 다음과 같이 입력한다.

셀 B11 : =IF(D6=0, F6/B6, −10)
셀 C11 : =IF(D6=0, −10, (F6−B6*B11)/D6)

셀 B11의 계산결과는 [D6=0]이 참인 경우에는 [=F6/B6], 거짓인 경우에는 [−10]이 되고, 셀 C11의 계산결과는 [D6=0]이 참인 경우에는 [−10], 거짓인 경우에는 [F6−B6*B11)/D6]으로 된다.

식 (1)의 2번째 점은 좌표의 우단/상단을 [10]으로 하여 x좌표와 y좌표를 셀 B12와 C12에 계산한다. 셀 B12와 C12에 입력한 수식은 다음과 같다.

셀 B12 : =IF(D6=0, F6/B6, 10)
셀 C12 : =IF(D6=0, 10, (F6−B6*B12)/D6)

마찬가지로 식 (2)의 2개 점을 방정식의 계수를 바꾸어 셀 B13 ~ C14에 계산한다. 수식은 다음과 같다.

셀 B13 : =IF(D7=0, F7/B7, −10)

셀 C13 : =IF(D7=0, −10, (F7−B7*B13)/D7)

셀 B14 : =IF(D7=0, F7/B7, 10)

셀 C14 : =IF(D7=0, 10, (F7−B7*B14)/D7)

이것으로 2개 식의 그래프를 작성하기 위한 데이터를 완성하였다.

▌해(교점)의 좌표

방정식 (1), (2) 양쪽을 만족하는 x, y의 값은 그래프인 직선의 교점 좌표이다. 역행렬을 사용하여 연립 1차방정식을 풀면 교점 좌표를 구할 수 있다.

먼저, 정리를 위하여 셀 범위 A17:E18에 연립방정식의 계수를 복사하여 행렬 모양으로 표현해둔다. 여기서는 셀 B17에 [=B6]으로 입력하고 계수 a 값을 저장한다. 마찬가지로 셀 C17에는 b, 셀 B18에는 c, 셀 C18에는 d 값을 저장한다.

셀 E17에 행렬 A가 역행렬 A^{-1}를 가지는지 아닌지를 확인한다. 행렬 A의 행렬식이 0이 아니면 행렬 A에는 역행렬 A^{-1}가 존재한다. 다시 말해서 연립방정식의 해가 있다는 것을 알 수 있다.

Excel에서는 행렬식을 구하는 **MDETERM 함수**가 있다. 그래서 셀 E17에 [=**MDETERM(B17:C18)**]를 입력한다. 이 함수는 이 예에서 말하면 [=B17*C18−C17*B18]과 동등하다.

다음으로 셀 범위 B21:C22에 역행렬 A^{-1}를 구한다. 역행렬을 구하는 것에는 **MINVERSE 함수**를 사용한다. 셀 B21에 [=**MINVERSE(B17:C18)**]를 입력한다. **MINVERSE** 함수는 복수의 셀에 결과를 되풀이 하는 **배열수식으로**

할 필요가 있다. 이것을 위해 다음 순서를 실행한다.

1. 셀 범위 B21:C22를 선택한다.
2. [F2] 키를 누른다.
3. [Ctrl]+[Shift]+[Enter] 키를 누른다.

그러면 셀 범위 **B21:C22**에 [{**=MINVERSE(B17:C18)**}]로 입력되어 역행렬 A^{-1} 성분이 각각의 셀에 계산된다. 예를 들어, 셀 B23은 [=C18/(B17*C18−C17*B18)]이고, 셀 C23은 [=C17/(C17*B18−B17*C18)]이고, 셀 B24는 [=B18/(C17*B18−B17*C18)]이고, 셀 C24는 [=B17/(B17*C18−C17*B18)]과 동등하다. 또, 역행렬 A^{-1}가 존재하지 않는 경우 이 계산을 실행하면 **#NUM!** 에러로 된다.

마지막으로 셀 범위 F21:F22에 해를 구한다. 해는 역행렬 A^{-1}에 성분 p, q가 되는 2행 1열의 행렬을 곱한 것이다. 정리를 위해 셀 D21에 [=F6], 셀 D22에 [=F7]을 입력하고, 각각의 셀에 p와 q의 값을 저장한다.

Excel에서는 행렬의 곱을 구하는 **MMULT 함수**가 있다. **MMULT** 함수는 곱하는 2개 행렬의 셀 범위를 [,]로 구분하여 지정한다. 여기서는 셀 F21에 [=**MMULT(B21:C22,D21:D22)**]를 입력한다. **MMULT** 함수도 배열수식으로 할 필요가 있으므로 셀 범위 F21:F22를 선택하도록 [F2] 키를 누르고, 이어서 [Ctrl]+[Shift]+[Enter] 키를 누른다. 이것으로 셀 F21에는 x의 해, 즉 교점 x 좌표가, 셀 F22에는 y의 해, 즉 교점 y 좌표가 구해지게 된다.

단, 이 계산도 역행렬 A^{-1}가 존재하지 않는 경우는 **#NUM!** 에러로 된다. 이대로도 좋지만 **#NUM!** 에러로 된 값을 그래프에 적용하면 좌표 원점에 표시되어 버린다. 교점(해)이 아닌 경우에는 그래프에 표시되지 않도록 하고 싶으므로 **#NUM!** 에러가 아닌 계산을 실행하는 데 필요한 데이터가 없음을 나타내는 [#N/A] 에러를 되돌려주도록 해보겠다. 이를 위해서는 셀 F21에 [**=IF(E17=0,#N/A,MMULT(B21:C22,D21:D22))**]를 입력하여 셀 범위 F21:F22를 배열수식으로 한다. 이 식에서는 역행렬 A^{-1}가 존재하지 않는 (E17=0)인 경우, 계산결과로서 [#N/A]이 되돌려진다.

이 예에서 사용한 해(교점)의 좌표를 계산한 수식을 정리하면 다음과 같다.

셀 B17 : =B6

셀 C17 : =D6

셀 B18 : =B7

셀 C18 : =D7

셀 E17 : **=MDETERM(B17:C18)**

셀 범위 B21:C22 : **{=MINVERSE(B17:C18)}**

셀 D21 : =F6

셀 D22 : =F7

셀 범위 F21:F22 : **{=IF(E17=0,#N/A,MMULT(B21:C22,D21:D22))}**

▌그래프의 작성

여기서는 식 (1)에서 표현한 직선, 식 (2)에서 표현한 직선 및 그 교점을 분산형을 사용하여 그려보자. 원래 분산형이란 x 좌표와 y 좌표로 표현되는 점을 찍는 것이지만 Excel의 분산형에서는 이 점을 선으로 이을 수 있으므로 이 기능을 이용한다. 또, 좌표의 범위는 x와 y에 대하여 각각 $-10 \sim 10$으로 한다.

먼저, 식 (1)에서 표현한 직선을 나타내는 그래프를 작성하고 눈금 설정 등을 한다.

1. 그래프 근거가 되는 데이터를 계산한 셀 범위 B11:C12를 선택하고, [차트 마법사] 버튼을 클릭한다.

   [차트 마법사–4단계 중 1단계–차트 종류] 다이얼로그 상자가 표시된다.

2. [차트 종류]에서 [분산형]을, [차트 하위 종류]에서 [데이터 표식 없이 곡선으로 연결된 분산형]을 선택한다(그림 2.20). [확인] 버튼을 클릭한다.

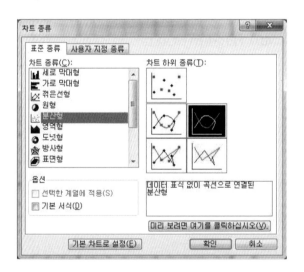

그림 2.20 분산형에서 차트 하위 종류 중 하나를 선택

[차트 마법사-4단계 중 2단계-차트 원본 데이터] 다이얼로그 상자(그림 2.21)이 표시된다.

3. [데이터 범위] 탭에서 [방향]에서 [열]을 지정하고, [다음] 버튼을 클릭한다.

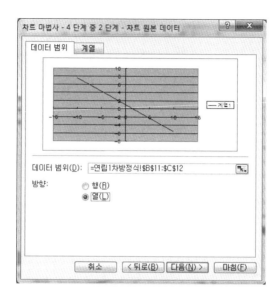

그림 2.21 [방향]에서 [열]을 지정한다.

[차트 마법사-4단계 중 3단계-차트 옵션] 다이얼로그 상자(그림 2.22)가 표시된다.

4. [제목] 탭에서 [x(값) 축]에 [x], [y(값) 축]에 [y]를 입력한다.

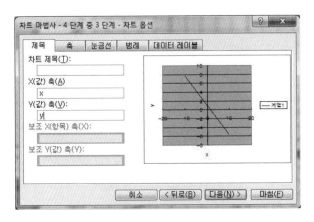

그림 2.22 축 레이블을 설정한다.

5. [눈금선] 탭에서 [x(값) 축]의 [주 눈금선]과 [보조 눈금선], [y(값) 축]의
   [주 눈금선]과 [보조 눈금선]에 체크 표시를 한다(그림 2.23).

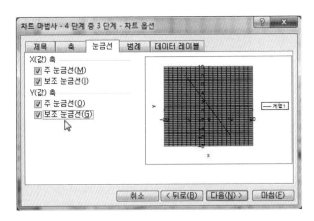

그림 2.23 [주 눈금선]과 [보조 눈금선]을 설정한다.

6. [범례] 탭에서 [범례 표시]에 체크를 하고, [마침] 버튼을 클릭한다.
   그래프가 작성된다(그림 2.24).

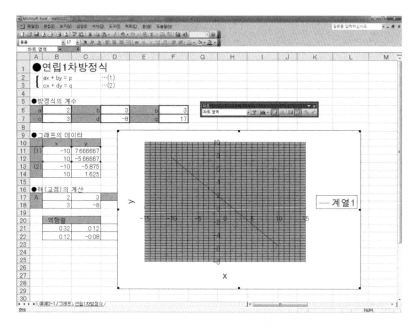

그림 2.24 그래프가 작성된다.

7. [그래프 영역]이나 그 핸들을 드래그하여 그래프를 적당한 위치에 배치하고 크기를 조정한다.

8. [차트] 도구모음에서 [x(값) 축]을 선택하여 [서식] 버튼을 클릭한다(그림 2.25).

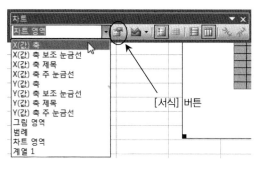

그림 2.25 [차트] 도구모음

[축 서식] 다이얼로그 상자가 표시된다.

9. [눈금] 탭에서 [x(값) 축 눈금]의 [자동]에 대하여 모든 체크를 지운다. 또한, [최솟값]을 [−10]으로, [최댓값]을 [10]으로, [주 단위]를 [5]로, [보조 단위]를 [1]로 설정한다(그림 2.26). [확인] 버튼을 클릭한다.

그림 2.26 [눈금]을 설정한다.

10. [차트] 도구모음에서 [y(값) 축]을 선택하고, [서식] 버튼을 클릭한다. [축 서식] 다이얼로그 상자가 표시된다.

11. [눈금] 탭에서 [y(값) 축 눈금]의 [자동]에 대하여 모든 체크를 지운다. 또한, [최솟값]을 [−10]으로, [최댓값]을 [10]으로, [주 단위]를 [5]로 [보조 단위]를 [1]로 설정한다. [확인] 버튼을 클릭한다.

12. [x(값) 축 제목]과 [y(값) 축 제목] 및 [그림 영역]을 적당한 위치에 드래그한다.

다음으로 이 차트에 식 (2)에서 표현한 직선을 추가한다.

1. 차트를 활성화하여 [차트]-[원본 데이터] 메뉴를 선택한다.

   [원본 데이터] 다이얼로그 상자가 표시된다.

2. [계열] 탭에서 [추가] 버튼을 클릭한다.

3. [x 값] 상자를 선택하여 셀 범위 B13:B14를 드래그한다.

4. [y 값] 상자의 문자열를 선택하여 셀 범위 C13:C14를 드래그한다(그림 2.27).

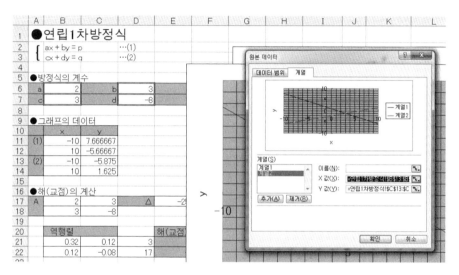

그림 2.27 식 (2)의 차트를 추가한다.

5. [확인] 버튼을 클릭한다.

   차트에 식 (2)에서 표현한 직선이 추가된다.

마지막으로 교점 표식을 추가하고 차트 형식을 정리한다.

1. 차트를 활성화하여 [차트]-[원본 데이터] 메뉴를 선택한다.

   [원본 데이터] 다이얼로그 상자가 표시된다.

2. [계열] 탭에서 [추가] 버튼을 클릭한다.

3. [x 값] 상자를 선택하여 셀 F21을 클릭한다.

4. [y 값] 상자의 문자열를 선택하여 셀 F22를 클릭한다.

5. [확인] 버튼을 클릭한다.

6. [차트] 도구모음에서 [계열3]을 선택하고 [서식] 버튼을 클릭한다.
   [데이터 계열 서식] 다이얼로그 상자가 표시된다.

7. [무늬] 탭에서 [표식]의 [스타일], [전경], [배경] 및 [크기]를 지정한다.
   여기서는 [전경]과 [배경]을 [빨강]으로 하고, 스타일에 [●]을, [크기]에
   [10] 포인트를 설정한다(그림 2.28).

8. [확인] 버튼을 클릭한다.

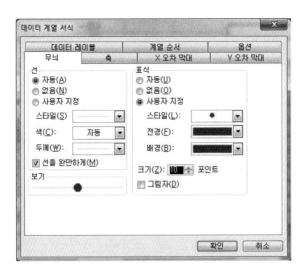

그림 2.28 [교점]의 서식을 설정한다.

차트에 교점을 보여주는 ● 표시가 추가된다.

9. 필요에 따라 차트 각 구성요소의 서식을 설정한다.

이것으로 차트를 완성하였다. 방정식 계수를 여러 가지로 변화시켜 어떠한 차트가 되는지 시험해보시오.

2.2 인수분해와 제곱근

2.2.1 인수분해

▌인수분해를 풀어보자

x^2, $5x$, 6과 같이 수, 문자 및 그들의 곱으로 표현되는 식을 **단항식**이라 한다. $x^2 + 5x + 6$과 같이 단항식의 덧셈으로 표현되는 식을 **다항식**이라 한다. 또한, 단항식과 다항식을 모두 **정식**이라고 일컫는다.

$x^2 + 5x + 6 = (x+2)(x+3)$과 같이 1개 정식을 2개 이상으로, 차수가 1차 이상 정식의 곱 모양으로 표현하는 것을 **인수분해**라 한다. 이때, 곱을 만들고 있는 각 식을 **인수**라 한다. 다음에 기술한 각각의 식은 다항식을 좌변에서 우변으로 되게 하면 인수분해, 우변에서 좌변으로 되게 하면 전개한다는 것이 된다.

(1) $ma + mb = m(a+b)$

(2) $x^2 + (a+b)x + ab = (x+a)(x+b)$

(3) $a^2 + 2ab + b^2 = (a+b)^2$

(4) $a^2 - 2ab + b^2 = (a-b)^2$

(5) $a^2 - b^2 = (a+b)(a-b)$

예 제 2-7 $x^2 + 5x - 24$ 를 인수분해하시오.

> **해 답**

이것은 식 (2)를 사용하여 [곱이 −24, 더해서 5]로 되는 2개 정수를 찾는다. 곱이 −24로 되는 2개 정수는 (1과 −24), (−1과 24), (2와 −12), (−2와 12), (3과 −8), (−3과 8), (4와 −6), (−4와 6) 등 8종류가 있다. 그 가운데 더해서 5가 되는 것은 (−3과 8)이다. 그러므로

$$x^2 + 5x - 24 = x^2 + (-3 + 8)x + (-3) \times 8$$
$$= (x - 3)(x + 8)$$

예 제 2-8 $x^2 - 8x + 16$ 을 인수분해하시오.

> **해 답**

이것은 식 (4)를 사용한다. 곱이 16, 더해서 −8로 되는 2개 정수는 −4와 −4이다. 그러므로

$$x^2 - 8x + 16 = x^2 - 2 \times x \times 4 + 4^2$$
$$= (x - 4)^2$$

▎**인수분해를 2차방정식의 해 공식으로 풀어보자**

2차방정식 $ax^2 + bx + c$ 의 해는 $b^2 - 4ac \geq 0$ 일 때 $x = \dfrac{-b \pm \sqrt{b^2 - 4ac}}{2a}$

가 된다.

유도과정은 다음과 같다.

$$ax^2 + bx + c = 0$$

x^2의 계수를 1로 하기 위하여 양변을 a로 나누다.

$$x^2 + \frac{b}{a} \cdot x + \frac{c}{a} = 0$$

$\dfrac{c}{a}$를 이항한다.

$$x^2 + \frac{b}{a} \cdot x = -\frac{c}{a}$$

양변에 $\left(\dfrac{b}{2a}\right)^2$을 더한다.

$$x^2 + \frac{b}{a} \cdot x + \left(\frac{b}{2a}\right)^2 = -\frac{c}{a} + \left(\frac{b}{2a}\right)^2$$

$$\left(x + \frac{b}{2a}\right)^2 = \frac{b^2 - 4ac}{4a^2}$$

제곱근을 취한다.

$$x + \frac{b}{2a} = \pm\sqrt{\frac{b^2 - 4ac}{4a^2}}$$

$\dfrac{b}{2a}$ 를 이항한다.

$$x = -\dfrac{b}{2a} \pm \sqrt{\dfrac{b^2 - 4ac}{4a^2}}$$

$$= \dfrac{-b \pm \sqrt{b^2 - 4ac}}{2a}$$

이 2차방정식의 해를 이용하면

$$\alpha = \dfrac{-b + \sqrt{b^2 - 4ac}}{2a}$$

$$\beta = \dfrac{-b - \sqrt{b^2 - 4ac}}{2a}$$

로 되면 다음과 같이 인수분해를 할 수 있다.

$$ax^2 + bx + c = a(x - \alpha)(x - \beta)$$

| 예 제 2-9 | 예제 2-7의 $x^2 + 5x - 24$를 해의 공식을 이용하여 인수분해하시오. |

▶ **해 답**

$a = 1$, $b = 5$, $c = -24$이므로

$$\alpha = \frac{-5 + \sqrt{5^2 - 4 \times 1 \times (-24)}}{2 \times 1}$$

$$= \frac{-5 + \sqrt{25 + 96}}{2} = \frac{-5 + \sqrt{121}}{2}$$

$$= \frac{-5 + 11}{2} = 3$$

$$\beta = \frac{-5 - \sqrt{5^2 - 4 \times 1 \times (-24)}}{2 \times 1}$$

$$= \frac{-5 - \sqrt{25 + 96}}{2} = \frac{-5 - \sqrt{121}}{2}$$

$$= \frac{-5 - 11}{2} = -8$$

그러므로

$$x^2 + 5x - 24 = (x - 3)\{x - (-8)\} = (x - 3)(x + 8)$$

▌**Excel에 의한 해법**　● Ref : [Math0202.xls]의 [예제 2–9] 시트

그림 2.29와 같은 워크시트를 작성한다.

계수 a, b, c를 셀 A5, B5, C5에 입력하면 $(x - \alpha)(x - \beta)$의 α를 셀 B7에 β를 셀 B8에 구한다. 셀 B7의 수식은 [=(−B5+SQRT(B5^2−4*A5*C5))/(2*A5)], 셀 B8의 수식은[=(−B5−SQRT(B5^2−4*A5*C5))/(2*A5)]이다.

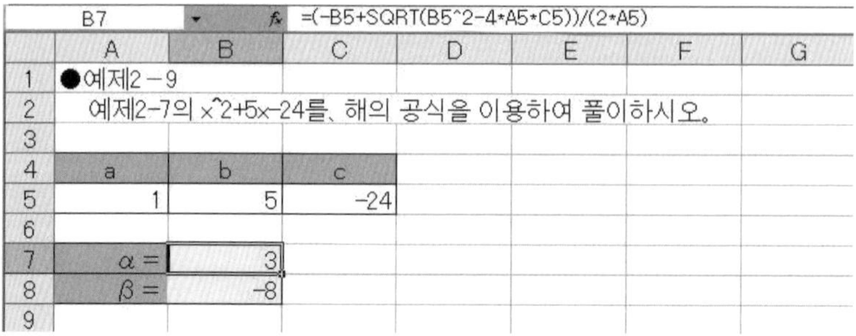

	B7	▼	*fx*	=(-B5+SQRT(B5^2-4*A5*C5))/(2*A5)		
	A	B	C	D	E	F	G
1	●예제2-9						
2	예제2-7의 x²+5x-24를, 해의 공식을 이용하여 풀이하시오。						
3							
4	a	b	c				
5	1	5	-24				
6							
7	α =	3					
8	β =	-8					
9							

그림 2.29 [예제 2-9]의 워크시트

2.2.2 제곱근 이용

▌제곱근의 문제를 풀이해보자

일반적으로 우리들이 취급하는 실수는 유리수와 무리수이고 더욱이 유리수는 정수와 분수로 분해된다. 제곱근이 붙지 않은 무리수에서 친밀한 것은 π이라 말할 수 있다. 무리수는 소수로 표현하면 순환하지 않는 무한소수로 된다.

$$\sqrt{5} = 2.2360679\cdots, \quad \pi = 3.14159626\cdots$$

히토요 히토요니 히토미고로*(1.41421356…)이라 말하면 $\sqrt{2}$, 히토나미니 오고레야**(1.7320508…)이라 말하면 $\sqrt{3}$ 이라고 기억하고 있는 사람도 많다. 제곱근을 취급하고자 하면 일반적으로 무리수가 등장한다. 일상에서는 확대·축소 복사를 할 때 무의식적으로 이것을 취급하고 있다. 복사에서 2배로 한다고 하는 것은 종이의 면적을 2배(예를 들면, B5에서 B4로)로 하는 것으로 종횡을 동시에 $\sqrt{2}$ 배, 실제로는 1.4배일 것이다. 역으로 절반으로 한다는 것은

―――――――――――
*, ** 역자 주 : 일본식 숫자암기 말장난

종이의 면적을 $\dfrac{1}{2}$배(예를 들면, A3에서 A4로)로 하는 것으로 종횡을 동시에

$\dfrac{1}{\sqrt{2}}$ 배, 실제로는 0.7배일 것이다.

예 제 2-10	$\sqrt{5}$ 의 정수부분을 a, 소수부분을 b로 할 때, a^2-b^2의 값을 구하시오.

▶ 해 답

$\sqrt{5}$ 는 $\sqrt{4} < \sqrt{5} < \sqrt{9}$ 의 범위에 있으므로 $2 < \sqrt{5} < 3$으로 된다. 이로 인하여 정수부분 $a = 2$, 소수부분 $b = \sqrt{5} - 2$로 표현할 수 있다. 그러므로

$$a^2 - b^2 = (a+b)(a-b) = \{2 + (\sqrt{5}-2)\}\{2 - (\sqrt{5}-2)\}$$
$$= \sqrt{5}\,(4 - \sqrt{5}\,) = 4\sqrt{5} - 5$$

▌**Excel에 의한 해법** • Ref : [Math0202.xls]의 [예제 2-10] 시트

그림 2.30과 같은 워크시트를 작성한다.

	D5	▼	f_x	=POWER(B5,2)-POWER(C5,2)	
	A	B	C	D	E
1	●예제2-10				
2	√5의 정수부분을a, 소수부분을 b로 할 때, a^2-b^2의 값을 구하시오.				
3					
4	√5	a	b	a^2-b^2	4√5-5
5	2.236067977	2	0.236067977	3.94427191	3.94427191
6					
7					

그림 2.30 [예제 2-10]의 워크시트

Excel에서 제곱근을 구하기 위해서는 **SQRT 함수**를 사용한다. 셀 A5에 [=SQRT(5)]를 입력하고 $\sqrt{5}$ 의 값을 구한다. 정수부분 a를 구하기 위해서는 **TRUNC 함수**를 사용하여 소수부분을 절사한다. 셀 B5에는 [=TRUNC(A5)]를 입력한다. 소수부분 b를 구하기 위해서는 $\sqrt{5}$ 의 값에서 정수부분 a를 뺀다. 셀 C5에 [=A5-B5]를 입력한다. 셀 D5에 $a^2 - b^2$을 구한다. 여기서는 누승한 값을 되돌리는 **POWER 함수**를 사용하여 [=POWER(B5,2)-POWER(C5,2)]를 입력한다. 이 수식은 [=B5^2-C5^2]와 동등하다. 이 계산결과와 앞에서 구한 $4\sqrt{5}-5$의 값을 비교해본다. 셀 E5에 [=4*SQRT(5)-5]를 입력하여 계산하면 셀 D5와 E5의 값은 같아지는 것을 확인할 수 있다.

예 제 2-11	$\sqrt{23}$ 의 소수부분을 a로 할 때, $a^2 + 8a$의 값을 구하시오.

해 답

$\sqrt{23}$ 은 $\sqrt{16} < \sqrt{23} < \sqrt{25}$ 의 범위에 있으므로 $4 < \sqrt{23} < 5$으로 된다. 이것에서 $a = \sqrt{23} - 4$로 표현할 수 있다. 그러므로

$$a^2 + 8a = a(a+8) = (\sqrt{23} - 4)(\sqrt{23} + 4)$$
$$= 23 - 16 = 7$$

▌Excel에 의한 해법   • Ref : [Math0202.xls]의 [예제 2-11] 시트

그림 2.31과 같은 워크시트를 작성한다.

셀 A5에 [=SQRT(23)]을 입력하고 $\sqrt{23}$ 의 값을 구한다. 셀 B5에는 [=A5-TRUNC(A5)]를 입력하고 $a = \sqrt{23} - 4$의 값을 구한다. 셀 C5에 [=POWER

(B5,2)+8*B5]를 입력하여 $a^2 + 8a$의 값을 구한다.

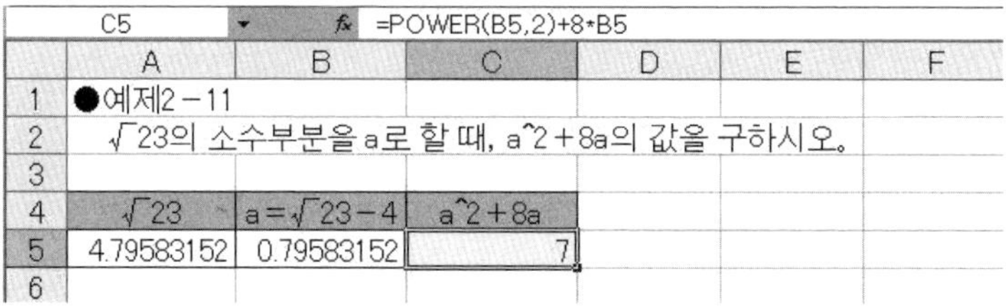

	C5	▼	f_x =POWER(B5,2)+8*B5			
	A	B	C	D	E	F
1	●예제2-11					
2	√23의 소수부분을 a로 할 때, a^2+8a의 값을 구하시오。					
3						
4	√23	a=√23-4	a^2+8a			
5	4.79583152	0.79583152	7			
6						

그림 2.31 [예제 2-11]의 워크시트

2.3 2차함수 그래프

2.3.1 $y = ax^2$ 그래프와 $y = ax^2 + q$ 그래프

▌2차함수 그래프를 그려보자

x의 2차식으로 표현되는 함수를 x의 2차함수라 말한다. 예를 들면

$$y = 2x^2$$

$$y = -x^2 + 2x$$

$$y = 3x^2 + 2x + 1$$

등은 2차함수가 된다. 직선, 즉 1차함수는 기울기와 y 절편 또는 가로지르는 2점 등을 알면 그릴 수 있지만 2차함수 그래프는 포물선이라 일컬어지며 그 그래프는 곡선으로 되므로 그리기가 좀 어렵다. 학교에서 2차함수 등을 배울 때, 정점과 절편이나 중심점(x 좌표, y 좌표 모두 정수)을 취하여 그럴듯하게 포

물선을 그렸다. 그러므로 이때야말로 Excel이 편리하다.

$y = ax^2$ 그래프

2차함수 $y = ax^2$ 그래프 특징은 다음과 같다.

- 2차함수 $y = ax^2$ 그래프는 포물선
- 축은 y축, 즉 $x = 0$
- 정점은 원점(0, 0)
- $a > 0$일 때 아래로 볼록, $a < 0$일 때 위로 볼록

예 제 2-12	2차함수 $y = 2x^2$과 $y = -2x^2$의 그래프를 그려보시오.

해 답

x에 대응하는 y 값을 구하고 표를 만들면 다음과 같다.

x	...	-4	-3	-2	-1	0	1	2	3	4	...
$2x^2$	...	32	18	8	2	0	2	8	18	32	...
$-2x^2$	...	-32	-18	-8	-2	0	-2	-8	-18	-32	...

이 표에 따라 좌표축에 점을 찍고, 그 점들을 포물선 모양으로 이으면 그래프를 작성할 수 있다.

Excel에 의한 해법 • Ref : [Math0203.xls]의 [예제 2-12] 시트

그림 2.32와 같은 워크시트를 작성한다.

여기서는 a에 여러 가지 값을 대입할 수 있도록 셀 B4에 a 값 [2]를 입력한다. x 값 ($-4 \sim 4$)를 셀 범위 A7:A15에 입력한다. 셀 B7에 ax^2 값을, 셀 C7에 $-ax^2$ 값을 계산한다. 계산 식은 각각 [=$B$4*A7^2]와 [=−$B$4*A7^2]이다. 이들을 셀 범위 B8:C15에 복사하면 그래프의 데이터가 되는 표가 완성된다.

다음 절차를 실행하여 그래프를 작성한다.

● Hint

Excel 그래프에서 곡선으로 연결되는 분산형은 근사곡선이고, 오차를 포함한다는 것을 주의하길 바란다. 정확한 그래프를 그리기 위해서는 데이터 포인트를 충분히 좁힐 필요가 있다.

1. 셀 범위 A7:A15를 선택하고 [차트 마법사] 버튼을 클릭한다.

   [차트 마법사-4단계 중 1단계-차트 종류] 다이얼로그 상자가 표시된다.

2. [차트 종류]에서 [분산형]을 [차트 하위종류]에서 [곡선으로 연결된 분산형]을 선택하고, [마침] 버튼을 클릭한다.

   그래프가 작성된다.

3. [차트 영역]이나 그 핸들을 드래그하여 그래프를 적당한 위치에 배치하고 크기를 조정한다.

4. [차트]−[차트 옵션] 메뉴를 선택한다.

   [차트 옵션] 다이얼로그 상자가 표시된다.

5. 각 탭에서 레이블, 눈금선 등의 표시/비표시를 설정한다.

6. [차트]−[원본 데이터] 메뉴를 선택한다.

   [원본 데이터] 다이얼로그 상자가 표시된다.

7. [계열] 탭에서 [계열1]의 [이름] 상자에 [="y=ax^2"], [계열2]의 [이름] 상자에 [="y=−ax^2"]를 입력한다.

이 이름은 범례에 표시된다.

8. 필요에 따라서 차트 각 구성요소의 서식을 설정한다.

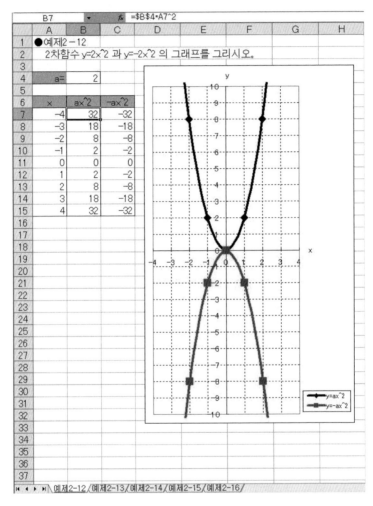

그림 2.32 [예제 2-12]의 워크시트

이것으로 차트가 완성되었다. 계수 a를 여러 가지로 변화시켜 어떠한 차트가 되는지를 시험해 보시오.

$y = ax^2 + q$ 그래프

2차함수 $y = ax^2 + q$ 그래프의 특징은 다음과 같다.

- $y = ax^2$ 그래프를 y축 방향으로 q만큼 평행이동한 포물선
- 축은 y축, 즉 $x = 0$
- 정점은 점 $(0, q)$
- $a > 0$일 때 아래로 볼록, $a < 0$일 때 위로 볼록

예 제 2-13	2차함수 $y = 2x^2 + 3$ 그래프를 그려보시오.

해 답

비교를 위하여 $y = 2x^2 \cdots$ (1)과 $y = 2x^2 + 3 \cdots$ (2)에 x에 대응하는 y 값을 구하고, 표를 만들면 다음과 같다.

x	$\cdots$	-4	-3	-2	-1	0	1	2	3	4	$\cdots$
$2x^2$	$\cdots$	32	18	8	2	0	2	8	18	32	$\cdots$
$2x^2 + 3$	$\cdots$	35	21	11	5	3	5	11	21	35	$\cdots$

2개 2차함수를 비교하면 같은 x 값에 대하여 (2)의 y 값 쪽이 항상 (1)의 y 값보다 3 크게 되는 것을 알 수 있다.

그러므로 $y = 2x^2 + 3$ 그래프는 $y = 2x^2$ 그래프를 y축 방향으로 3만큼 평행이동한 그래프로 축이 y축, 정점이 점 $(0, 3)$인 포물선으로 된다.

▌Excel에 의한 해법 ● Ref : [Math0203.xls]의 [예제 2–13] 시트

그림 2.33과 같은 워크시트를 작성한다.

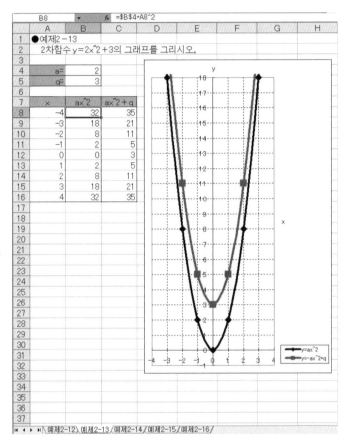

그림 2.33 [예제 2–13]의 워크시트

여기서는 a와 q에 여러 가지 값을 대입할 수 있도록 셀 B4에 a 값 [2]를, 셀 B5에 q 값 [3]을 입력한다. x 값 $(-4 \sim 4)$를 셀 범위 A8:A16에 입력한다. 셀 B8에 ax^2 값을, 셀 C8에 $ax^2 + q$ 값을 계산한다. 계산 식은 각각 [=$B$4*A8^2]와 [=B8+$B$5]이다. 이들을 셀 범위 B9:C16에 복사하면 그래프의 데이터가 되는 표가 완성된다.

예제 2-12와 마찬가지로 하여 그래프를 작성한다. 계수 q를 여러 가지로 변화시켜 어떠한 차트가 되는지를 시험해보시오.

2.3.2 $y = a(x-p)^2$ 그래프와 $y = a(x-p)^2 + q$ 그래프

▌$(x-p)^2$에서 2차함수 그래프는 어디로 이동하는가?

2차함수에서 까다로운 부분이 $(x-p)^2$의 취급이다. 이 $(x-p)^2$에서 대체로 그래프가 어떻게 변화하는지 어리둥절해 하는 사람도 많지 않을까. 앞서 해왔던 것처럼 x에 대응하는 y 값을 구하고 표를 만들면 그래프 자체는 그릴 수 있지만 그러한 그래프가 묘사되도 머릿속이 상쾌하지 않을 것이다.

이는 상대속도와 같이 생각할 수 있다. 예를 들면, 상대가 멈추어 있고, 자기 차가 시속 40km로 달리고 있었다고 하자. 그런데 상대가 시속 20km로 달리기 시작하면 상대와의 차를 같게 하기 위해서는 자기 차 속도를 시속 20km 더하여 시속 60km로 할 필요가 있다.

마찬가지로 그래프에서는 같은 y 값을 가지게 하는 것은 x 값을 그 만큼 더하여야만 한다. 즉, 그래프는 같은 y 값을 가지게 하기 위해서는 p만큼 x의 값을 증가시켜야 한다.

▌$y = a(x-p)^2$ 그래프

2차함수 $y = a(x-p)^2$ 그래프의 특징은 다음과 같다.

• $y = ax^2$ 그래프를 x축 방향으로 p만큼 평행이동한 포물선

- 축은 직선 $x = p$
- 정점은 점 $(p,\ 0)$
- $a > 0$일 때 아래로 볼록, $a < 0$일 때 위로 볼록

예 제 2-14 2차함수 $y = 2(x-2)^2$ 그래프를 그려보시오.

🔵 해 답

비교를 위하여 $y = 2x^2 \cdots$ (1)과 $y = 2(x-2)^2 \cdots$ (2)에서 x에 대응하는 y 값을 구하고, 표를 만들면 다음과 같다.

x	$\cdots$	-4	-3	-2	-1	0	1	2	3	4	$\cdots$
$2x^2$	$\cdots$	32	18	8	2	0	2	8	18	32	$\cdots$
$2(x-2)^2$	$\cdots$	72	50	32	18	8	2	0	2	8	$\cdots$

2개 2차함수를 비교하면 (1)에 있는 $y = 2x^2$ 값을 그대로 오른쪽으로 2칸 비켜 놓으면 (2)에 있는 $y = 2(x-2)^2$ 값과 일치한다. 그러므로 (2)의 그래프는 (1)의 그래프를 x축 방향으로 2만큼 평행이동한 것을 알 수 있다.

그러므로 $y = 2(x-2)^2$ 그래프는 $y = 2x^2$ 그래프를 x축 방향으로 2만큼 평행이동한 그래프로 축이 직선 $x = 2$, 정점이 점 $(2,\ 0)$의 포물선이 된다.

▌**Excel에 의한 해법**　　•Ref : [Math0203.xls]의 [예제 2-14] 시트

그림 2.34와 같은 워크시트를 작성한다.

여기서는 a와 p에 여러 가지 값을 대입할 수 있도록 셀 B4에 a 값 [2]를,

셀 B5에 p 값 [2]을 입력한다. x 값 $(-4 \sim 4)$를 셀 범위 A8:A16에 입력한다. 셀 B8에 ax^2 값을, 셀 C8에 $a(x-p)^2$ 값을 계산한다. 계산 식은 각각 [=\$B\$4*A8^2]와 [=\$B\$4*(A8-\$B\$5)^2]이다. 이들을 셀 범위 B9:C16에 복사하면 그래프의 데이터가 되는 표가 완성된다.

예제 2-13과 마찬가지로 그래프를 작성한다. 계수 p를 여러 가지로 변화시켜 어떠한 차트가 되는지를 시험해보시오.

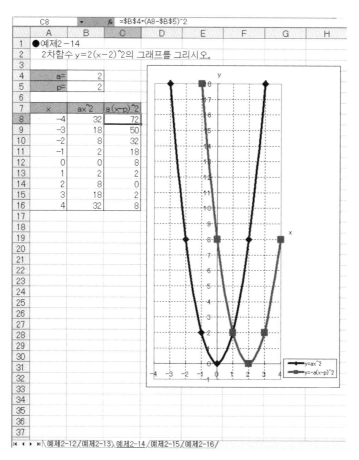

그림 2.34 [예제 2-14]의 워크시트

$y = a(x-p)^2 + q$ 그래프

2차함수 $y = a(x-p)^2 + q$ 그래프의 특징은 다음과 같다.

- $y = ax^2$ 그래프를 x축 방향으로 p, y축 방향으로 q만큼 평행이동한 포물선
- 축은 직선 $x = p$
- 정점은 점 (p, q)
- $a > 0$일 때 아래로 볼록, $a < 0$일 때 위로 볼록

예 제 2-15	2차함수 $y = 2(x-2)^2 + 3$ 그래프를 그려보시오.

해 답

비교를 위하여 $y = 2x^2 \cdots$ (1)과 $y = 2(x-2)^2 + 3 \cdots$ (2)에서 x에 대응하는 y 값을 구하고, 표를 만들면 다음과 같다.

x	$\cdots$	-4	-3	-2	-1	0	1	2	3	4	$\cdots$
$2x^2$	$\cdots$	32	18	8	2	0	2	8	18	32	$\cdots$
$2(x-2)^2+3$	$\cdots$	75	53	35	21	11	5	3	5	11	$\cdots$

여기까지 오면 생각하는 것은 뒤에 하고, 구해진 값으로 그래프화하는 쪽이 알기 쉽다고 생각한다.

이 $y = 2(x-2)^2 + 3$ 그래프는 $y = 2x^2$ 그래프를 x축 방향으로 2, y축 방향으로 3만큼 평행이동한 그래프로 축이 직선 $x = 2$, 정점이 점 $(2, 3)$의 포물선이 된다.

그림 2.35와 같은 워크시트를 작성한다.

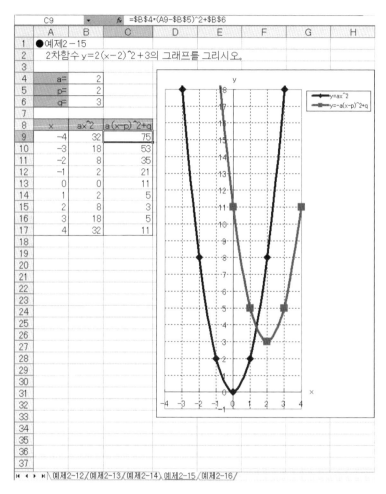

그림 2.35 [예제 2-15]의 워크시트

여기서는 계수 a, p 및 q에 여러 가지 값을 대입할 수 있도록 셀 B4에 a 값 [2]를, 셀 B5에 p 값 [2]를, 셀 B6에 q 값 [3]을 입력한다. x 값 ($-4 \sim 4$)를 셀

범위 A9:A17에 입력한다. 셀 B9에 ax^2 값을, 셀 C9에 $a(x-p)^2+q$ 값을 계산한다. 계산 식은 각각 [=\$B\$4*A9^2]과 [=\$B\$4*(A9-\$B\$5)^2+\$B\$6]이다. 이들을 셀 범위 B10:C17에 복사하면 그래프의 데이터가 되는 표가 완성된다.

예제 2-14처럼 그래프를 작성한다. 계수를 여러 가지로 변화시켜 어떠한 그래프가 되는지를 시험해 보시오.

2.3.3 $y = ax^2 + bx + c$ 그래프

▌$y = ax^2 + bx + c$ 그래프, 정점은 어디로 이동하는가?

2차함수 그래프 가운데 $y = ax^2 + bx + c$ 그래프는 마지막에 배웠다. 그 이유는 무엇일까? 사실은 이 모양이 2차함수의 가장 일반적인 식의 형태라고 말할 수 있다. 즉, 이 모양에서는 축의 방정식도 정점도 알 수 없기 때문이다. 그래서 2차함수 $y = ax^2 + bx + c$ 그래프를 다음과 같이 변형한다.

$$y = a(x-p)^2 + q$$

이에 따라 축의 방정식과 정점을 확실히 하여 그래프를 그릴 수 있다.

2차함수 정의를 고려하면 축의 방정식이나 정점이 필요하지만 x에 대응하는 y 값을 알기만 하면 $y = ax^2 + bx + c$를 어렵다고 생각할 필요는 없다.

▌$y = ax^2 + bx + c$ 식의 변형

$y = ax^2 + bx + c$를 $y = a(x-p)^2 + q$로 변형해보자.

$$y = ax^2 + bx + c$$

$$= a\left(x^2 + \frac{b}{a} \cdot x\right) + c$$

$$= a\left\{x^2 + \frac{b}{a} \cdot x + \left(\frac{b}{2a}\right)^2 - \left(\frac{b}{2a}\right)^2\right\} + c$$

$$= a\left\{x^2 + \frac{b}{a} \cdot x + \left(\frac{b}{2a}\right)^2\right\} - a\left(\frac{b}{2a}\right)^2 + c$$

$$= a\left(x + \frac{b}{2a}\right)^2 - \frac{b^2}{4a} + c$$

$$= a\left(x + \frac{b}{2a}\right)^2 - \frac{b^2 - 4ac}{4a}$$

여기서, $-\dfrac{b}{2a} = p$, $-\dfrac{b^2 - 4ac}{4a} = q$로 놓으면 다음과 같다.

$$y = a(x - p)^2 + q$$

▌ $y = ax^2 + bx + c$ 그래프

2차함수 $y = ax^2 + bx + c$ 그래프의 특징은 다음과 같다.

- $y = ax^2$ 그래프를 x축 방향으로 $-\dfrac{b}{2a}$, y축 방향으로 $-\dfrac{b^2 - 4ac}{4a}$ 만큼 평행이동한 포물선

- 축은 직선 $x = -\dfrac{b}{2a}$

• 정점은 점$(-\dfrac{b}{2a},\ -\dfrac{b^2-4ac}{4a})$

• $a>0$일 때 아래로 볼록, $a<0$일 때 위로 볼록

예 제 2-16	2차함수 $y=-x^2+6x-7$ 그래프를 그려보시오.

🦋 해 답

$y=ax^2+bx+c$ 식의 모양을 $y=a(x-p)^2+q$로 정정한다.

$$
\begin{aligned}
y &=-x^2+6x-7 \\
&=-(x^2-6x)-7 \\
&=-(x^2-6x+9-9)-7 \\
&=-(x^2-6x+9)+9-7 \\
&=-(x-3)^2+2
\end{aligned}
$$

따라서, 이 함수 그래프는 축이 직선 $x=3$, 정점이 점 $(3,\ 2)$인 위로 볼록한 포물선이 된다. 또한, $x=0$일 때, $y=-7$이 되고, 그래프는 y축과 점 $(0,\ -7)$에서 만난다.

▌Excel에 의한 해법 • Ref : [Math0203.xls]의 [예제 2-16] 시트

그림 2.36과 같은 워크시트를 작성한다.

여기서는 계수 a, b 및 c에 여러 가지 값을 대입할 수 있도록 셀 B4에 a 값 $[-1]$을, 셀 B5에 b 값 [6]을, 셀 B6에 c 값 $[-7]$을 입력한다. 또한, 셀 D5

와 D6에 정점인 x 좌표와 y 좌표를 구한다. 셀 D5 계산 식은 [=−B5/(2*B
4)], 셀 D6 계산 식은 [=−(B5^2−4*B4*B6)/(4*B4)]이다. 다음으로 그래프의
데이터를 작성한다. 여기서는 축을 중심으로 하고, −4 ~ 4의 범위로 그래프를
그린다. 따라서, [−4] ~ [4]를 셀 범위 A9:A17에 입력한다. 셀 B9에 x 값을,
셀 C9에 $ax^2 + bx + c$ 값을 계산한다. 계산 식은 각각 [=$D$5+A9]와 [=$B$4
*B9^2+$B$5*B9+$B$6]이다. 이들을 셀 범위 B10:C17에 복사하면 그래프의
데이터로 되는 표가 완성된다.

셀 범위 B9:C17를 선택하고, 그래프를 작성한다. 계수 a, b, c를 여러 가지
로 변화시켜 어떠한 그래프가 되는지를 시험해보시오.

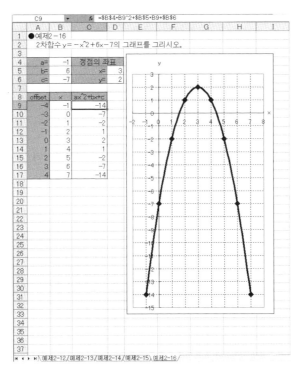

그림 2.36 [예제 2-16]의 워크시트

2.3.4 Excel로 그린 그래프의 정확함

지금까지 몇 개의 그래프를 [데이터 표식 없이 곡선으로 연결된 분산형]으로 작성하였다. Excel 그래프 기능에서 곡선으로 연결한 선은 어느 정도 정확한지 확인해두자.

지금, $y = x^2$ ($-4 \leq x \leq 4$)에 대하여 데이터 점의 미세함을 변화시킨 2개 계열을 준비하여 1개 그래프로 그려본다. 계열 1은 0.001씩 잘게 하여 8,001 개의 데이터 점을 곡선을 사용하지 않고 찍는다. 즉, 근사적인 보간을 하지 않은 정확한 곡선상 점의 모임이라 할 수 있다. 한편, 계열 2는 1씩 잘게 하여 9개 데이터 점을 곡선으로 연결한 그래프로 한다(그림 2.37).

축의 서식설정에서 눈금의 최소치, 최대치를 설정하고, x축에 $-2 \sim 2$, y축에 $0 \sim 4$의 범위를 표시하면 2개 그래프는 거의 겹쳐지고, 곡선으로 연결된 그래프도 어느 정도 정확하게 있는 것을 알 수 있다. 그러나 x축에 $-1 \sim 1$, y축에 $0 \sim 1$의 범위를 표시하면[그림 2.38(좌)], 곡선으로 연결된 그래프는 내측에 그려지고 오차가 눈에 띄는 것처럼 된다. 이 책에서는 다루지 않았지만 $y = x^3$ 에 대하여 같은 방법으로 그래프를 작성하면[그림 2.38(우)], $x = 0$의 부근에서 오차가 눈에 띈다.

이와 같이 데이터 점을 곡선으로 연결한 분산형은 어느 정도의 오차를 포함한 것이라는 점을 의식하고, 목적에 맞게 데이터 점의 미세함을 결정할 필요가 있다.

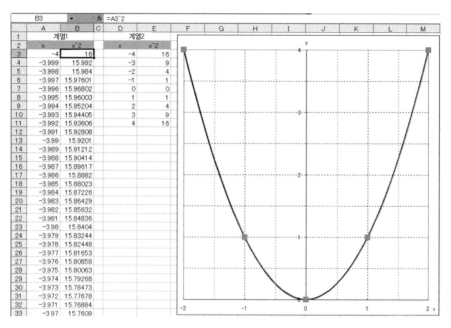

그림 2.37 [곡선]의 정확함을 확인한다.

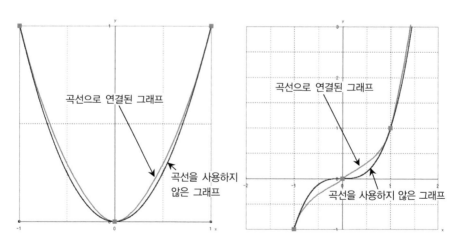

그림 2.38 $y = x^2$의 그래프(좌)와 $y = x^3$의 그래프(우)

제3장

삼각함수

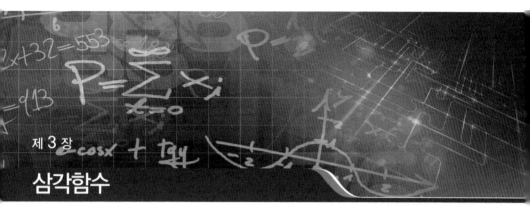

3.1 삼각함수 그래프

3.1.1 삼각비와 호도법

▌삼각비는 어떤 비율인가?

삼각비는 사인(정현), 코사인(여현) 및 탄젠트(정접)를 말한다. 이들은 그림 3.1과 같이 직각삼각형 ABC에서 sin, cos 및 tan이라는 기호를 이용하여 다음과 같이 표현한다.

> • Hint
> sin은 [sine], cos은 [cosine], tan은 [tangent]의 약어이다.

$$\sin A = \frac{BC}{AB}$$

$$\cos A = \frac{AC}{AB}$$

$$\tan A = \frac{BC}{AC}$$

도대체, 이들은 어떠한 의미를 가지고 있을까?

우리들은 물건을 살 때, 식료품 판매점 등에서 100g당 얼마인가를 생각하면서 가격을 비교하는 경우가 있다. '100g당 얼마'라고 하는 것처럼 무엇인가를 기준(단위)으로 두고서 비교를 한다.

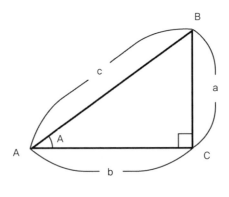

그림 3.1 직각삼각형

이야기를 삼각비로 되돌아가자. 사인과 코사인은 사변(그림 3.1에서는 변

AB)을 단위 다시 말해서 [1]로 할 때의 비율, 즉 비이다. 사인과 코사인의 식에서는 나눗셈이 등장하지만 나눈다고 하는 것은 1단위당 얼마인지를 구하는 계산이기도 하다. 사변을 1로 하고, 변 AB와 변 AC로 이루어지는 각이 A도 (°)일 때 세로 길이인 변 BC가 얼마인지가 sin A이고, 가로길이인 변 AC가 얼마인지가 cos A 값이 된다. 어디까지나 사변을 1로 고정하여 값을 계산 한다. 이 때문에 나눗셈이 등장한다.

그런데 다음은 탄젠트이다. 기억이 좋은 사람은 탄젠트가 사인이나 코사인 이전에 교과서에 등장한 것을 기억하고 있을지도 모른다. 이 탄젠트는 중학교 교과과정 때 등장하였다. 1차함수의 부근 등에서 변화의 비율이나 기울기를 다루는 것이 그것이다. 이들은 모두 종/횡이다. 나눗셈을 하기 때문에 비율로 횡 1당 종은 얼마인가로 생각하는 것이다. 탄젠트는 종/횡의 비율이므로 사인이나 코사인과 달리 사변을 1로 놓을 필요는 없다.

예 제 3-1	θ가 30°, 45°, 60°일 때 $\sin\theta$, $\cos\theta$, $\tan\theta$의 값을 구하시오.

> **해 답**

1조의 삼각자를 고려한다(그림 3.2). (A) 삼각자의 각은 각각, 30°, 60°, 90°, 변의 비는 $a : b : c = 1 : \sqrt{3} : 2$이다. 이 직각삼각형에서는 30°, 60°의 삼각비를 알 수 있다. 또한, (B) 삼각자의 각은 각각, 45°, 45°, 90°, 변의 비는 $a : b : c = 1 : 1 : \sqrt{2}$이다. 이 직각이등변삼각형에서는 45°의 삼각비를 알 수 있다. 표로 정리하면 다음과 같다.

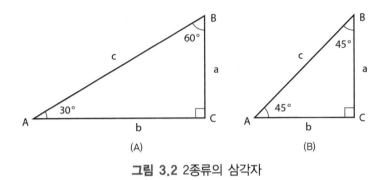

그림 3.2 2종류의 삼각자

θ	30°	45°	60°
$\sin\theta$	$\dfrac{1}{2}$	$\dfrac{1}{\sqrt{2}}$	$\dfrac{\sqrt{3}}{2}$
$\cos\theta$	$\dfrac{\sqrt{3}}{2}$	$\dfrac{1}{\sqrt{2}}$	$\dfrac{1}{2}$
$\tan\theta$	$\dfrac{1}{\sqrt{3}}$	1	$\sqrt{3}$

▌둔각의 삼각비

그림 3.3과 같이 좌표평면상에 원점 O를 중심으로 하는 반경 r의 반원을 그린다. 이 반원과 x축상의 교점 A는 $(r,\ 0)$이 된다.

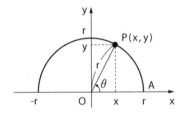

그림 3.3 점 P가 제1상한에 있을 때 삼각비

반원주상 점 P (x, y)에 대하여 $\angle AOP=\theta$에서 θ가 예각(0°보다 크고 90°보다 작은 각)일 때, 점 P는 제1상한에 있고, 다음과 같다.

$$\sin\theta = \frac{y}{r}, \ \cos\theta = \frac{x}{r}, \ \tan\theta = \frac{y}{x}$$

삼각비를 둔각(90°보다 크고 180°보다 작은 각)의 범위로 생각하거나 θ가 $0° \leq \theta \leq 180°$일 때도 θ의 삼각비를 위의 3개 식으로 정한다. 구체적으로 점 P가 제2상한에 있는 135°의 삼각비(그림 3.4)는 다음과 같다.

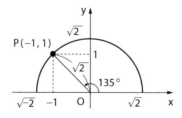

그림 3.4 점 P가 제2상한에 있을 때 삼각비

$$\sin 135° = \frac{1}{\sqrt{2}}$$

$$\cos 135° = \frac{-1}{\sqrt{2}} = -\frac{1}{\sqrt{2}}$$

$$\tan 135° = \frac{1}{-1} = -1$$

▌삼각비의 상호관계

탄젠트는 종/횡의 비이지만 이 값은 사인/코사인과 같다. 또한, 직각삼각형이라는 것은 피타고라스 정리(그림 3.1에서 $a^2 + b^2 = c^2$)가 성립한다. 이 피타고라스 정리(삼평방의 정리) $a^2 + b^2 = c^2$는

$$\left(\frac{a}{c}\right)^2 + \left(\frac{b}{c}\right)^2 = 1$$

로 고쳐 쓰면

$$\frac{a}{c} = \sin A$$

$$\frac{b}{c} = \cos A$$

을 대입할 수 있다. 이상에서 다음과 같은 관계가 성립한다.

$$\tan A = \frac{\sin A}{\cos A}$$

$$\sin^2 A + \cos^2 A = 1$$

또, $(\sin A)^2$은 $\sin^2 A$, $(\cos A)^2$은 $\cos^2 A$, $(\tan A)^2$은 $\tan^2 A$ 로 쓴다.

예 제 3-2	$\angle\theta$가 예각이고, $\sin\theta = \dfrac{3}{4}$ 일 때 $\cos\theta$, $\tan\theta$의 값을 구하시오.

▶ 해 답

$\sin^2\theta + \cos^2\theta = 1$을 이용하여

$$\left(\frac{3}{4}\right)^2 + \cos^2\theta = 1$$

이것에서

$$\cos^2\theta = 1 - \left(\frac{3}{4}\right)^2 = 1 - \frac{9}{16} = \frac{7}{16}$$

여기서, $\cos\theta > 0$이므로 $\cos\theta = \dfrac{\sqrt{7}}{4}$ 로 되고

$$\tan\theta = \frac{\sin\theta}{\cos\theta} = \frac{3}{4} \div \frac{\sqrt{7}}{4} = \frac{3}{\sqrt{7}} = \frac{3\sqrt{7}}{7}$$

이상에서, $\cos\theta = \dfrac{\sqrt{7}}{4}$, $\tan\theta = \dfrac{3\sqrt{7}}{7}$ 로 된다.

▌정현(사인) 정리·여현(코사인) 정리·도형의 계량

삼각비에 있어서 유명한 정리로 정현 정리(사인 법칙)와 여현 정리(코사인 법칙)가 있다. 이들의 정리는 직각삼각형일 필요는 없다. 모든 삼각형에서 성립한다. 그래서 시험 등에서 90°가 보이지 않아 정현 정리와 여현 정리의 어디가 어디인지, 어느 문제에 어느 것을 사용하는 것이 좋을지 헤매는 사람도 많을 것이다. 정현 정리는 sin만 나오는 정리로 cos나 tan은 나오지 않는다. 또한, 여현 정리는 cos만 나오는 정리로 sin이나 tan는 나오지 않는다. 지금, 삼각형 ABC의 외접원(삼각형을 완전히 둘러싼 정확한 원)의 반경을 R로 한다 (그림 3.5).

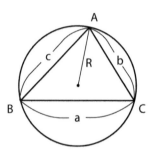

그림 3.5 삼각형 ABC와 반경 R인 외접원

$a = 2R \sin A$

$b = 2R \sin B$

$c = 2R \sin C$

또한, 여기서

$$\frac{a}{\sin A} = \frac{b}{\sin B} = \frac{c}{\sin C} = 2R$$

■■■ 여현(코사인) 정리 ■■■■■■■■■■■■■■■■■■■■■■■■■■■■■■■■■■■■

$a^2 = b^2 + c^2 - 2bc \cos A$

$b^2 = c^2 + a^2 - 2ca \cos B$

$c^2 = a^2 + b^2 - 2ab \cos C$

■■■ 삼각형의 면적 ■■■■■■■■■■■■■■■■■■■■■■■■■■■■■■■■■■■■■■■

$$S = \frac{1}{2} \cdot bc \sin A = \frac{1}{2} \cdot ca \sin B = \frac{1}{2} \cdot ab \sin C$$

| 예 제
3-3 | $\triangle ABC$에서 $a = 4$, $b = 5$, $c = 6$일 때, 다음 물음에 답하시오.
(1) $\cos C$, $\sin C$의 값을 각각 구하시오.
(2) $\triangle ABC$의 면적을 구하시오. |

▶ 해 답

(1) 우선, 여현 정리의 하나인 $\cos C = \dfrac{a^2 + b^2 - c^2}{2ab}$ 을 사용하여

$$\cos C = \frac{4^2 + 5^2 - 6^2}{2 \cdot 4 \cdot 5} = \frac{16 + 25 - 36}{40} = \frac{5}{40} = \frac{1}{8}$$

이 $\cos C = \dfrac{1}{8}$ 을 사용하여

$$\sin^2 C = 1 - \left(\dfrac{1}{8}\right)^2 = 1 - \dfrac{1}{64} = \dfrac{63}{64}$$

$\sin C > 0$ 이므로

$$\sin C = \dfrac{3\sqrt{7}}{8}$$

이상에서 $\cos C = \dfrac{1}{8}$, $\sin C = \dfrac{3\sqrt{7}}{8}$ 로 된다.

(2) $\triangle$ABC의 면적은 $S = \dfrac{1}{2}ab \sin C$ 에서 구한다. (1)에서 $\sin C = \dfrac{3\sqrt{7}}{8}$

이라고 알고 있기 때문에 구할 면적은 다음과 같다.

$$S = \dfrac{1}{2}ab \sin C = \dfrac{1}{2} \times 4 \times 5 \times \dfrac{3\sqrt{7}}{8} = \dfrac{15\sqrt{7}}{4}$$

따라서, $\triangle$ABC의 면적은 $\dfrac{15\sqrt{7}}{4}$ 로 된다.

▎호도법

각의 크기를 표현하는 것으로 직각의 90분의 1 크기를 1°로 나타내는 도수
법과 달리 호도법이라는 것이 있다. 호도법은 1개 원에서 중심각과 호의 길이

는 비례한다는 것을 사용하여 각의 크기를 표현하는 법이다.

초등학교에서 원주율이 나올 때 원주를 구하거나 원의 면적을 구했는데 생각해보면 원주율이라는 비율 이외에 또 하나의 기준 같은 것이 존재하고 있었다. 그것은 반경과 같은 길이로 되는 호의 길이를 만드는 각도는 몇 도인가라는 기준이다. 이것이 호도법에서 사용하는 단위인 1라디안(그림 3.6)이라는 것이다.

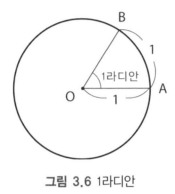

그림 3.6 1라디안

중심각과 호의 길이가 비례하는 것에서 다음 식이 성립한다. 반경 1의 원에서 중심각을 360°로 하면 그것에 대응하는 호는 원주에서 그 길이는 $2 \times \pi \times 1 = 2\pi$가 된다. 그러므로

$$360° = 2\pi \text{ 라디안}$$

여기서, 1라디안은

$$1\text{라디안} = \frac{360°}{2\pi} = \frac{180°}{\pi} = \frac{180°}{3.14} \fallingdotseq 57.3°$$

가 된다. 결국, 약 57.3°의 중심각에서 호의 길이는 반경의 길이와 같게 되는 것을 알 수 있다.

또한, 도수를 라디안으로 표현하는 것은 1라디안으로 나누는, 즉 1라디안의 역수인 $\dfrac{\pi}{180°}$ 을 곱하면 도수를 호도로 고쳐 쓸 수가 있다.

예제 3-4	도수법과 호도법을 대응시킨 다음 표를 완성하시오.										
	도수법	0°	30°	45°	60°	90°	120°	135°	150°	180°	270°	360°
	호도법	0				$\dfrac{\pi}{2}$						2π

해 답

호도법에서는 일반적으로 단위 라디안은 생략한다.

도수에 $\dfrac{\pi}{180°}$ 를 곱하면 되기 때문이다. 예를 들면,

$$30° \times \frac{\pi}{180°} = \frac{\pi}{6}$$

가 된다. 마찬가지로 나머지를 계산하면 다음과 같다.

도수법	0°	30°	45°	60°	90°	120°	135°	150°	180°	270°	360°
호도법	0	$\dfrac{\pi}{6}$	$\dfrac{\pi}{4}$	$\dfrac{\pi}{3}$	$\dfrac{\pi}{2}$	$\dfrac{2}{3}\pi$	$\dfrac{3}{4}\pi$	$\dfrac{5}{6}\pi$	π	$\dfrac{3}{2}\pi$	2π

▌Excel에서 삼각비의 표를 만들자   ●Ref : [Math0301.xls]의 [삼각비의 표] 시트

Excel을 사용하여 삼각비의 근사치를 간단히 계산할 수 있다. 교과서의 부

록 등에 실려 있는 삼각비의 표를 만들어보자.

Excel에도 삼각비를 계산하는 함수로서 **SIN 함수, COS 함수, TAN 함수** 등이 준비되어 있다. 각 함수에서도 인수로서 각도를 지정하지만 각도의 단위는 호도법을 사용한다. 도수법에서 호도법으로 변환하는 Excel 함수는 **RADIANS 함수**이다.

그림 3.7과 같은 워크시트를 작성한다. 여기서는 0° ~ 180°의 범위에서 A열에 도수법의 각도, B열에 호도법의 각도, C열에 사인의 값, D열에 코사인의 값, 그리고 E열에 탄젠트의 값을 구하고 있다.

	C4	▼	fx	=SIN(B4)		
	A	B	C	D	E	F
1	●삼각비의 표					
2						
3	도수법	호도법	sin	cos	tan	
4	0	0	0	1	0	
5	1	0.017453	0.017452	0.999848	0.017455	
6	2	0.034907	0.034899	0.999391	0.034921	
7	3	0.05236	0.052336	0.99863	0.052408	
8	4	0.069813	0.069756	0.997564	0.069927	
9	5	0.087266	0.087156	0.996195	0.087489	
10	6	0.10472	0.104528	0.994522	0.105104	
11	7	0.122173	0.121869	0.992546	0.122785	
12	8	0.139626	0.139173	0.990268	0.140541	
13	9	0.15708	0.156434	0.987688	0.158384	
14	10	0.174533	0.173648	0.984808	0.176327	
15	11	0.191986	0.190809	0.981627	0.19438	
16	12	0.20944	0.207912	0.978148	0.212557	
17	13	0.226893	0.224951	0.97437	0.230868	
18	14	0.244346	0.241922	0.970296	0.249328	
19	15	0.261799	0.258819	0.965926	0.267949	
20	16	0.279253	0.275637	0.961262	0.286745	

그림 3.7 [삼각비의 표]의 워크시트

셀 범위 A4:A184에 0° ~ 180°의 연속 데이터를 입력한다. 셀 B4에는 [=RADIANS(A4)]를 입력하고, 라디안을 구한다. 이 식은 π를 되돌려주는 **PI**

함수를 사용한 [=A4*PI()/180]과 동등한 것이다. 셀 C4 ~ E4에 sin, cos, tan 의 값을 각각 구한다. 셀 C4에는 [=SIN(B4)]를, 셀 D4에는 [=COS(B4)]를, 셀 E4에는 [TAN(B4)]를 입력한다. 셀 범위 B4:E4를 제184행까지 복사하면 삼각비의 표가 완성된다.

우선, cos 90°과 tan 90°의 계산결과를 확인해보자(그림 3.8).

3	도수법	호도법	sin	cos	tan
4	0	0	0	1	0
5	1	0.017453	0.017452	0.999848	0.017455
6	2	0.034907	0.034899	0.999391	0.034921
7	3	0.05236	0.052336	0.99863	0.052408
8	4	0.069813	0.069756	0.997564	0.069927
9	5	0.087266	0.087156	0.996195	0.087489
10	6	0.10472	0.104528	0.994522	0.105104
11	7	0.122173	0.121869	0.992546	0.122785
12	8	0.139626	0.139173	0.990268	0.140541
13	9	0.15708	0.156434	0.987688	0.158384
14	10	0.174533	0.173648	0.984808	0.176327
84	80	1.396263	0.984808	0.173648	5.671282
85	81	1.413717	0.987688	0.156434	6.313752
86	82	1.43117	0.990268	0.139173	7.11537
87	83	1.448623	0.992546	0.121869	8.144346
88	84	1.466077	0.994522	0.104528	9.514364
89	85	1.48353	0.996195	0.087156	11.43005
90	86	1.500983	0.997564	0.069756	14.30067
91	87	1.518436	0.99863	0.052336	19.08114
92	88	1.53589	0.999391	0.034899	28.63625
93	89	1.553343	0.999848	0.017452	57.28996
94	90	1.570796	1	6.13E-17	1.63E+16

그림 3.8 표의 시작 부분과 80° ~ 90°의 수치를 비교한다.

cos 90°는 [0]으로 될 것이고, tan 90°는 $\left[\dfrac{1}{0}\right]$로 되어 계산하지 못한다. 하지만 cos 90°는 아주 작은 숫자이고, tan 90°는 아주 큰 숫자로 되어 있다. 이것은 무리수를 유한한 값으로 취급한 때문에 생긴 오차에 의한 것이다. Excel 에서 뿐만 아니라 계산기에서 구한 근삿값에서는 이와 같은 오차가 포함되어 있는 것에 주의하여야 한다.

다음으로 이 표의 시작 부분과 80° ~ 90° 근처의 부분(그림 3.8)을 비교해보자. cos 90°를 [0]이라고 간주하면 sin 0°와 cos 90°(=0), sin 1°와 cos 89°, sin 2°와 cos 88°, sin 3°와 cos 87° … 등의 값은 같다. 여기서 90°−θ의 정현, 여현은 다음과 같은 관계에 있다.

$$\sin(90° - \theta) = \cos\theta$$
$$\cos(90° - \theta) = \sin\theta$$

마지막으로 표의 시작 부분과 끝나는 부분을 비교해보자(그림 3.9). Excel의 계산결과에서는 sin 180°가 [0]으로 되어 있지 않지만 이를 [0]으로 간주하면 sin 0°와 180°, 1°와 179°, 2°와 178°, 3°와 177°…의 값은 같다. 또한, cos과 tan는 약간의 오차는 있지만 180°, 179°, 178°, 177° …의 값은 0°, 1°, 2°, 3° …의 값을 음수로 한 값이다. 여기서 180°−θ의 삼각비는 다음과 같은 관계에 있다.

$$\sin(180° - \theta) = \sin\theta$$
$$\cos(180° - \theta) = -\cos\theta$$
$$\tan(180° - \theta) = -\tan\theta$$

3	도수법	호도법	sin	cos	tan
4	0	0	0	1	0
5	1	0.017453	0.017452	0.999848	0.017455
6	2	0.034907	0.034899	0.999391	0.034921
7	3	0.05236	0.052336	0.99863	0.052408
8	4	0.069813	0.069756	0.997564	0.069927
9	5	0.087266	0.087156	0.996195	0.087489
10	6	0.10472	0.104528	0.994522	0.105104
11	7	0.122173	0.121869	0.992546	0.122785
12	8	0.139626	0.139173	0.990268	0.140541
13	9	0.15708	0.156434	0.987688	0.158384
14	10	0.174533	0.173648	0.984808	0.176327
174	170	2.96706	0.173648	−0.98481	−0.17633
175	171	2.984513	0.156434	−0.98769	−0.15838
176	172	3.001966	0.139173	−0.99027	−0.14054
177	173	3.01942	0.121869	−0.99255	−0.12278
178	174	3.036873	0.104528	−0.99452	−0.1051
179	175	3.054326	0.087156	−0.99619	−0.08749
180	176	3.071779	0.069756	−0.99756	−0.06993
181	177	3.089233	0.052336	−0.99863	−0.05241
182	178	3.106686	0.034899	−0.99939	−0.03492
183	179	3.124139	0.017452	−0.99985	−0.01746
184	180	3.141593	1.23E-16	−1	−1.2E-16
185					

그림 3.9 표의 시작 부분과 끝나는 부분을 비교한다.

3.1.2 $y = \sin\theta$ 그래프

▌ 일반각에서 무엇이 일반?

아인슈타인의 상대성이론은 먼저, 특수상대성이론이 만들어지고 그 후 약 10년 뒤에 일반상대성이론이 발표되었다. 보통 무엇인가를 생각할 때에는 좁은 범위, 즉 특수가 먼저이고 넓은 범위, 즉 일반이 뒤에 나오는 것이 대부분이다.

그런데 삼각비에서는 삼각형이 기본이므로 다루는 각도의 크기는 0°에서 180°까지였다. 단위원으로 그 1주를 생각해도 360°까지이다. 하지만 좀 더 넓은 범위를 생각하지 않을 리가 없었을 것이다. 예를 들면, −180°이거나 1000° 이거나 단위원을 시계 방향으로 돌려 보거나 2회전도 3회전도 해보면 그와 같은 각도가 나타난다. 각도는 2개의 반직선으로 가능하고, 회전하는 쪽을 동경이라 말한다. 이와 같이 동경을 회전시켜 360° 이상의 회전을 하는 경우도 고려하는 각을 일반각이라 말한다. 좁은 범위의 한정된 각도가 아니고, 넓은 실수로 있으면 얼마든지 가능하니까 일반이라는 언어를 사용한다. 이와 같은 일반적인 각에 대한 삼각비가 **삼각함수**이다.

▌$y = \sin\theta$ 그래프를 그려보자

평소에는 의식할 일이 없는 파동이지만 우리들은 이 파동에서 대부분의 정보를 얻고 있다. 파동이란 소리 또는 빛에 있다. 전기의 세계, 전파의 세계도 파로 이루어져 있다. 이들은 삼각함수 등의 합성파로 이루어진다. 그중에서 가장 기본적인 형이 $y = \sin\theta$ 그래프이다.

그림 3.10과 같은 단위원에서 x축 정(+)의 부분을 시선(始線)으로 하는 $\angle\theta$의 동경을 고려한다. 이 동경과 단위원의 교점을 P(a, b)로 하면

$$\sin\theta = b$$

로 된다.

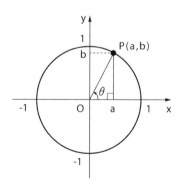

그림 3.10 단위원과 $\angle\theta$의 동경

이를 이용하여 다음 표를 만든다.

θ(호도법)	$-\pi$	$-\dfrac{1}{2}\pi$	0	$\dfrac{1}{2}\pi$	π	$\dfrac{3}{2}\pi$	2π	$\dfrac{5}{2}\pi$	3π
θ(도수법)	$-180°$	$-90°$	$0°$	$90°$	$180°$	$270°$	$360°$	$450°$	$540°$
$\sin\theta$	0	-1	0	1	0	-1	0	1	0

이 표에서 함수 $y = \sin\theta$ 그래프를 그릴 수 있다(그림 3.11).

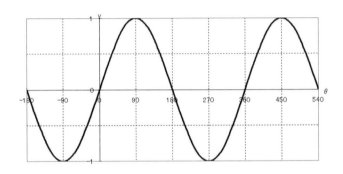

그림 3.11 $y = \sin\theta$의 그래프

▌ $y = 2\sin(\theta - 60°)$ 그래프

이 삼각함수의 문제는 sin 앞에 2가 붙어 있는 것과 $\theta - 60°$로 되어 있는 것이다.

간단하게 설명하면 sin 앞에 붙어 있는 2는 1차함수로 말하면 $y = x$가 $y = 2x$로 되는 것과 같다. 그러므로 단순히 $\sin(\theta - 60°)$ 값을 2배하면 된다. 물리에서는 이를 진폭이라 한다.

한편, $\sin(\theta - 60°)$에서 이 $[-60°]$는 2차함수 $y = (x - p)^2$에서 $[-p]$에 해당한다. $y = (x - p)^2$에서는 $y = x^2$ 그래프를 x축 정(+)의 방향으로 p만큼

이동하였지만 이번에는 $y = \sin\theta$ 그래프를 θ축 정(+)의 방향으로 $60°$만큼 이동한 것으로 된다. 전체에서 $y = 2\sin(\theta - 60°)$ 그래프는 $y = \sin\theta$ 그래프를 θ축 정(+) 방향으로 $60°$만큼 이동하고, 거기에다가 각각의 y 값을 2배한 것으로 된다.

다음 표를 참고하여 그래프를 고려하여 보시오. 표는 보기 쉽도록 $-60°$을 고려하여 θ를 $-120° \sim 600°$의 범위로 하였다.

θ	$-120°$	$-30°$	$60°$	$150°$	$240°$	$330°$	$420°$	$510°$	$600°$
$\theta - 60°$	$-180°$	$-90°$	$0°$	$90°$	$180°$	$270°$	$360°$	$450°$	$540°$
$\sin(\theta - 60°)$	0	-1	0	1	0	-1	0	1	0
$2\sin(\theta - 60°)$	0	-2	0	2	0	-2	0	2	0

$y = \sin(\theta - 60°)$와 $y = 2\sin(\theta - 60°)$ 그래프는 그림 3.12와 같다.

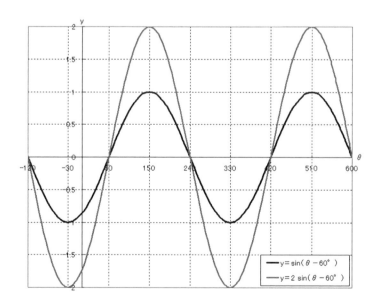

그림 3.12 $y = \sin(\theta - 60°)$와 $y = 2\sin(\theta - 60°)$ 그래프

■ $y = \sin\theta$ 그래프를 Excel로 그려보자 ● Ref : [Math0301,xls]의 [$y = \sin\theta$] 시트

$\sin\theta$ 그래프의 일반적인 모양은 a, α, b를 상수로 하고, m을 정(+)의 상수로 할 때, θ 함수로서

$$y = a\sin(m\theta + \alpha) + b$$

로 표현할 수 있다. $\sin$도 $\cos$도 원래 주기는 $360°$이지만 이 경우 주기는 $\dfrac{360°}{m}$로 된다. 주기란 같은 변화를 반복하는 단위로 함수 $f(\theta + c) = f(\theta)$일 때, c를 주기라 말한다.

그림 3.13과 같은 워크시트를 작성한다.

여기서는 상수 a, m, α 및 b에 여러 가지 값을 대입할 수 있도록 셀 B3에 a 값을, 셀 B4에 m 값을, 셀 B5에 α 값을, 셀 B6에 b 값을 입력한다. θ 값 ($-180 \sim 540(°)$)를 $10(°)$씩 나누어 셀 범위 A9:A81에 입력한다. 비교를 위해 셀 B9에 $\sin\theta$ 값을, 셀 C9에 $a\sin(m\theta + \alpha) + b$ 값을 계산한다.

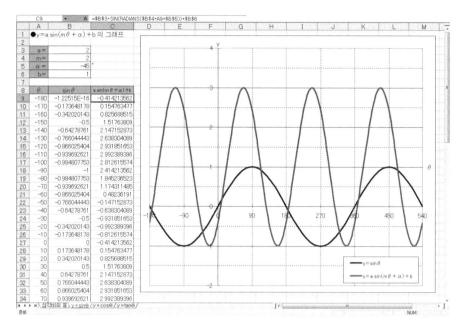

그림 3.13 $[y=\sin\theta]$의 워크시트

Excel의 SIN 함수는 인수로 호도법의 각도를 부여하므로 RADIANS 함수로 변환한다. 셀 B9에 입력한 수식은 [=SIN(RADIANS(A9))], 셀 C9에 입력한 수식은 [=$B$3*SIN(RADIANS($B$4*A9+$B$5))+$B$6]이다. 이들을 제81행까지 복사하면, 그래프 데이터로 이루어지는 표가 완성된다.

셀 범위 A9:C81을 선택하여 [데이터 표식 없이 곡선으로 연결된 분산형]의 그래프를 작성한다. 그래프의 형식을 정리한 후 상수를 여러 가지로 변화시켜 어떠한 그래프로 되는지를 시험해보시오. 단, m 값을 크게 하면, 1주기당 찍는 수가 적어지므로 정확한 그래프가 그려지지 않는다. 이와 같은 경우는 θ 값의 쪼갬을 촘촘하게 할 필요가 있다.

3.1.3 $y = \cos\theta$ 그래프

▌ cos과 sin은 무엇이 다른가?

sin과 cos은 글자가 다르다고 해버리면 그만이지만 사실은 거의 같다고 생각할 수 있다. 여기서, 다시 한 번 삼각비에서 다루는 직각삼각형(그림 3.14)을 고려해보자.

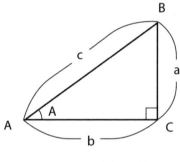

그림 3.14 직각삼각형

∠A를 기준으로 하여 고려하면

$$\sin A = \frac{a}{c}$$

이었다. 그런데 ∠B를 기준으로 하여 고려하면 어떻게 될까? 그것은

$$\sin B = \frac{b}{c}$$

$$\cos B = \frac{a}{c}$$

와 같이 된다. 이렇듯이 $\sin A = \cos B$로 된다. 그런데 삼각형 내각의 합은 180°이다. 직각삼각형은 1개 각이 90°이므로

$$A + B = 90°$$

로 된다. 그러므로 $A = 90° - B$가 성립한다. 여기서,

$$\cos B = \sin(90° - B)$$

로 되고 cos은 sin으로 나타낼 수 있다. 물론 이것은 모든 경우에 성립한다. 그러므로 sin과 cos은 완전히 다른 것은 아니라 그래프로 할 때에 모양은 θ 축 방향으로 약간(정확히는 $-90°$) 어긋나 있을 뿐이다.

▌ $y = \cos\theta$ 그래프를 그려보자

$y = \sin\theta$ 경우와 마찬가지로 표를 만들어 그래프를 고려해보자. 비교를 위해 $\sin\theta$ 값도 같이 기재한다.

θ	$-180°$	$-90°$	$0°$	$90°$	$180°$	$270°$	$360°$	$450°$	$540°$
$\sin\theta$	0	-1	0	1	0	-1	0	1	0
$\cos\theta$	-1	0	1	0	-1	0	1	0	-1

위의 표에서 다음 함수의 그래프를 그릴 수 있다(그림 3.15).

$$y = \cos\theta$$

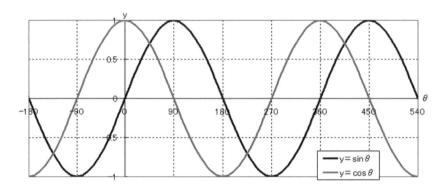

그림 **3.15** $y = \sin\theta$와 $y = \cos\theta$ 그래프

▌ $y = 2\cos(\theta - 60°)$ 그래프

$y = 2\sin(\theta - 60°)$와 마찬가지로 이번에는 $\cos\theta$를 기준으로 그릴 수 있다. $y = \cos\theta$ 그래프를 θ축 방향으로 60°만큼 이동하고 거기에다 모든 y 값을 2배한다.

θ	$-120°$	$-30°$	$60°$	$150°$	$240°$	$330°$	$420°$	$510°$	$600°$
$\theta - 60°$	$-180°$	$-90°$	$0°$	$90°$	$180°$	$270°$	$360°$	$450°$	$540°$
$\cos(\theta - 60°)$	-1	0	1	0	-1	0	1	0	-1
$2\cos(\theta - 60°)$	-2	0	2	0	-2	0	2	0	-2

$y = \cos(\theta - 60°)$와 $y = 2\cos(\theta - 60°)$ 그래프는 그림 3.16과 같다.

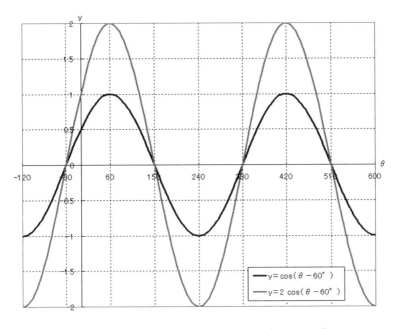

그림 3.16 $y = \cos(\theta - 60°)$와 $y = 2\cos(\theta - 60°)$ 그래프

▌ $y = \cos\theta$ **그래프를 Excel로 그려보자** • Ref : [Math0301.xls]의 [$y = \cos\theta$] 시트

$\sin\theta$ 그래프와 마찬가지로 $\cos\theta$ 그래프의 일반적인 모양은 a, α, b를 상수로 하고, m을 정(+)의 상수로 할 때, θ 함수로서 다음과 같이 표현할 수 있다.

$$y = a\cos(m\theta + \alpha) + b$$

그림 3.17과 같은 워크시트를 작성한다.

여기서는 상수 a, m, α 및 b에 여러 가지 값을 대입할 수 있도록 셀 B3에 a 값을, 셀 B4에 m 값을, 셀 B5에 α 값을 셀 B6에 b 값을 입력한다. θ 값 ($-180 \sim 540(°)$)를 $10(°)$씩 나누어 셀 범위 A9:A81에 입력한다. 비교를 위해 셀 B9에 $\cos\theta$ 값을, 셀 C9에 $a\cos(m\theta + \alpha) + b$ 값을 계산한다.

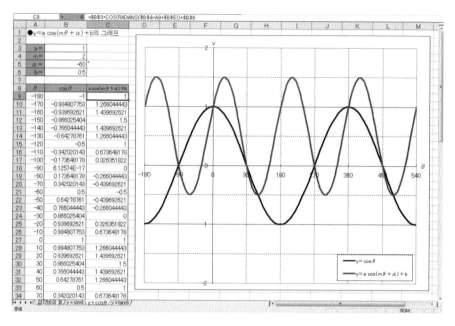

	A	B	C
1	●y=a cos(mθ + α) + b의 그래프		
2			
3	a=	1	
4	m=	2	
5	α=	-60	°
6	b=	0.5	
7			
8	θ	cosθ	a cos(mθ + α) +b
9	-180	-1	1
10	-170	-0.984807753	1.266044443
11	-160	-0.939692621	1.439692621
12	-150	-0.866025404	1.5
13	-140	-0.766044443	1.439692621
14	-130	-0.64278761	1.266044443
15	-120	-0.5	1
16	-110	-0.342020143	0.673648178
17	-100	-0.173648178	0.326351822
18	-90	6.12574E-17	0
19	-80	0.173648178	-0.266044443
20	-70	0.342020143	-0.439692621
21	-60	0.5	-0.5
22	-50	0.64278761	-0.439692621
23	-40	0.766044443	-0.266044443
24	-30	0.866025404	0
25	-20	0.939692621	0.326351822
26	-10	0.984807753	0.673648178
27	0	1	1
28	10	0.984807753	1.266044443
29	20	0.939692621	1.439692621
30	30	0.866025404	1.5
31	40	0.766044443	1.439692621
32	50	0.64278761	1.266044443
33	60	0.5	1
34	70	0.342020143	0.673648178

그림 3.17 $[y = \cos\theta]$ 워크시트

Excel의 COS 함수는 인수에 호도법의 각도를 부여하므로 RADIANS 함수로 변환한다. 셀 B9에 입력한 수식은 [=COS(RADIANS(A9))], 셀 C9에 입력한 수식은 [=$B$3*COS(RADIANS($B$4*A9+$B$5))+$B$6]이다. 이들을 제81행까지 복사하면, 그래프의 데이터로 이루어지는 표가 완성된다.

셀 범위 A9:C81을 선택하여 [데이터 표식 없이 곡선으로 연결된 분산형]의 그래프를 작성한다. 그래프 형식을 정리한 후 상수를 여러 가지로 변화시켜 어떠한 그래프로 되는지를 시험해보시오. 단, m 값을 크게 하면, 1주기당 찍는 수가 적어지므로 정확한 그래프가 그려지지 않는다. 이와 같은 경우는 θ 값의 쪼갬을 촘촘하게 할 필요가 있다.

3.1.4 $y = \tan\theta$ 그래프

▌ $y = \tan\theta$는 어떤 그래프인가?

정현(사인) 곡선과 여현(코사인) 곡선을 배우면 다음에는 정접(탄젠트) 곡선을 배운다. 이것은 무엇을 의미하는 그래프일까? 교과서에 쓰여 있으니까 배웠다거나 수업에서 나왔기 때문에 했을 뿐이라는 것이 대부분일 것이다.

다시 한 번, 삼각비에 다루었던 직각삼각형(그림 3.18)을 고려해보자. $\tan A$는 $\sin A$를 $\cos A$로 나눈값(여기서는 $\dfrac{a}{b}$)이지만 간단히 말하면 종÷횡이다. 즉, 1차함수에서 나왔던 기울기이다.

각각의 각도를 θ로 할 때, 그 θ에서 동경이 만들어내는 기울기가 된다. 그 하나하나의 기울기 크기를 그래프로 한 것이 $y = \tan\theta$ 그래프가 될 것이다. $y = \tan\theta$ 그래프는 기울기 집단의 그래프로 보일 수 있다.

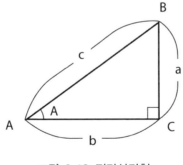

그림 3.18 직각삼각형

실제로 표를 작성하여 고려해보자. 여기서 주의할 것이 정현(사인)이나 여현(코사인) 주기와 달리 정접(탄젠트)은 그 주기가 $180°$이다. 또한 ×표시는 점근선으로 되는 것이다. 이 표에서 $y = \tan\theta$ 그래프를 작성하면 그림 3.19와 같다.

● Hint
점근선 : tan θ와 같은 곡선의 경우 그 곡선상의 점이 한없이 멀리 이동할 때, 그 거리가 한없이 작아지도록 정직선이 존재할 때, 그 정직선을 점근선이라 한다.

θ	$-90°$	$-60°$	$-45°$	$-30°$	$0°$	$30°$	$45°$	$60°$	$90°$
$\tan\theta$	×	$-\sqrt{3}$	-1	$-\dfrac{1}{\sqrt{3}}$	0	$\dfrac{1}{\sqrt{3}}$	1	$\sqrt{3}$	×
θ	$120°$	$135°$	$150°$	$180°$	$210°$	$225°$	$240°$	$270°$	$300°$
$\tan\theta$	$-\sqrt{3}$	-1	$-\dfrac{1}{\sqrt{3}}$	0	$\dfrac{1}{\sqrt{3}}$	1	$\sqrt{3}$	×	$-\sqrt{3}$

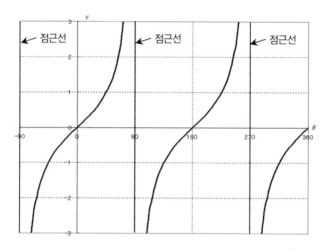

그림 3.19 $y = \tan\theta$의 그래프

▌ $y = 2\tan\left(\dfrac{1}{2}\theta - 30°\right)$ 그래프

이것도 그리려면 귀찮은 그래프이다. 이와 같은 그래프는 컴퓨터에 맡기고 싶지만 보통, 수작업이라도 그려보지 않으면 어떤 숫자나 문자가 어떻게 영향을 주는지 알 수 없다. 한번 표를 작성해보자.

이 주기함수는

$$y = 2\tan\frac{1}{2}(\theta - 60°)$$

로 된다. $\frac{1}{2}(\theta - 60°)$이니까 $\frac{1}{2}\theta = 180°$에서 $\theta = 360°$이므로 주기는 $360°$로 된다. 나머지는 $y = \tan\theta$를 횡으로 2배의 길이로 늘이고, 그 그래프를 θ축 방향으로 $60°$만큼 이동하고, y 값을 모두 2배로 한다.

$y = \tan\left(\frac{1}{2}\theta - 30°\right)$와 $y = 2\tan\left(\frac{1}{2}\theta - 30°\right)$ 그래프는 그림 3.20과 같다.

θ	$-120°$	$-60°$	$-30°$	$0°$	$60°$	$120°$	$150°$
$\theta - 60°$	$-180°$	$-120°$	$-90°$	$-60°$	$0°$	$60°$	$90°$
$\frac{1}{2}(\theta - 60°)$	$-90°$	$-60°$	$-45°$	$-30°$	$0°$	$30°$	$45°$
$\tan\frac{1}{2}(\theta - 60°)$	$\times$	$-\sqrt{3}$	-1	$-\frac{1}{\sqrt{3}}$	0	$\frac{1}{\sqrt{3}}$	1
$2\tan\frac{1}{2}(\theta - 60°)$	$\times$	$-2\sqrt{3}$	-2	$-\frac{2}{\sqrt{3}}$	0	$\frac{2}{\sqrt{3}}$	2
θ	$180°$	$240°$	$300°$	$330°$	$360°$	$420°$	$480°$
$\theta - 60°$	$120°$	$180°$	$240°$	$270°$	$300°$	$360°$	$420°$
$\frac{1}{2}(\theta - 60°)$	$60°$	$90°$	$120°$	$135°$	$150°$	$180°$	$210°$
$\tan\frac{1}{2}(\theta - 60°)$	$\sqrt{3}$	$\times$	$-\sqrt{3}$	-1	$-\frac{1}{\sqrt{3}}$	0	$\frac{1}{\sqrt{3}}$
$2\tan\frac{1}{2}(\theta - 60°)$	$2\sqrt{3}$	$\times$	$-2\sqrt{3}$	-2	$-\frac{2}{\sqrt{3}}$	0	$\frac{2}{\sqrt{3}}$

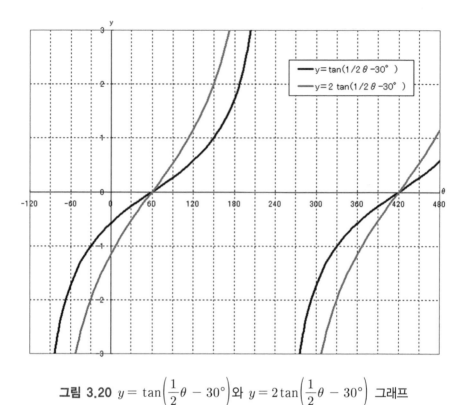

그림 3.20 $y = \tan\left(\dfrac{1}{2}\theta - 30°\right)$ 와 $y = 2\tan\left(\dfrac{1}{2}\theta - 30°\right)$ 그래프

▌ $y = \tan\theta$ 그래프를 Excel로 그려보자 ●Ref : [Math0301.xls]의 [$y = \tan\theta$] 시트

$\tan\theta$ 그래프의 일반적인 모양은 $a,\ m,\ \alpha,\ b$ 를 상수로 할 때, θ 함수로서

$$y = a\tan(m\theta + \alpha) + b$$

로 표현할 수 있다.

그림 3.21과 같은 워크시트를 작성한다.

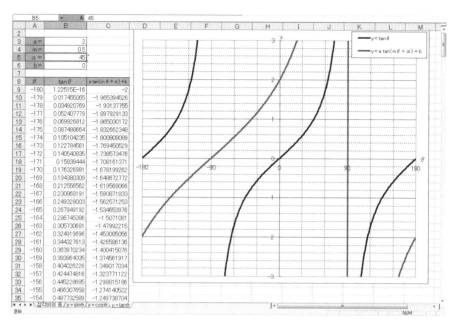

그림 3.21 $[y = \tan\theta]$의 워크시트

여기서는 상수 a, m, α 및 b에 여러 가지 값을 대입할 수 있도록 셀 B3에 a 값을, 셀 B4에 m 값을, 셀 B5에 α 값을, 셀 B6에 b 값을 입력한다. θ 값 ($-180 \sim 180(°)$)를 $1(°)$씩 나누어 셀 범위 A9:A369에 입력한다. 비교를 위해 셀 B9에 $\tan\theta$ 값을, 셀 C9에 $a\tan(m\theta + \alpha) + b$ 값을 계산한다.

Excel의 TAN 함수는 인수로 호도법의 각도를 부여하므로 RADIANS 함수로 변환한다. 셀 B9에 입력한 수식은 [=TAN(RADIANS(A9))], 셀 C9에 입력한 수식은 [=$B$3*TAN(RADIANS($B$4*A9+$B$5))+$B$6]이다. 이들을 제369행까지 복사하면, 그래프의 데이터로 이루어지는 표가 완성된다.

셀 범위 A9:C369을 선택하여 [데이터 표식 없이 곡선으로 연결된 분산형] 그래프를 작성한다.

$\tan\theta$ 그래프는 원래 주기마다 불연속이지만 이 그래프는 1개 계열로서 데

이터 표식을 곡선으로 연결하고 있으므로 주기와 주기 사이도 선으로 연결된다. $y = \tan\theta$ 그래프에 대해서는 θ가 $-90°$ 및 $90°$가 되는 셀 B99 및 B279의 데이터를 비우게 하여 이것을 피할 수 있다. 단, $y = a\tan(m\theta + \alpha) + b$ 그래프에서는 주기와 주기 경계가 상수값에 의하여 변화하기 때문에 어느 것이 경계인지를 Excel에 판단시키는 것이 어려워 주기와 주기 사이에서도 선으로 연결해버리기 때문에 주의하여야 한다.

그래프 형식을 정리한 후 상수를 여러 가지로 변화시켜 어떠한 그래프로 되는지를 시험해보시오.

3.2 삼각함수 가법정리

3.2.1 삼각함수 가법정리와 2배각 · 반각공식

▌어찌하여 가법정리가 필요한가?

삼각함수 가법정리라 하면 사인, 코사인, 코사인, 사인이라든가, 코스, 코스, 사인, 사인 등* 하면서 매우 열심히 암기하려고 했던 기억이 있을 것이다. 이것을 어떻게 사용하였는지 생각나는가?

예를 들면, 45°과 30°의 가법인 75°에 대하여 그 삼각비를 구하는 것은 Excel이나 함수 계산기를 사용하면 간단히 그 값을 구할 수 있다. 달리 가법정리가 그다지 필요한 것은 아니다. 일반적으로 학교에서는 수학시간에 PC나 함수 계산기를 사용하지 않아서 간단하게 나오는 해답을 번거롭고 복잡하게 구하는 경우가 있다.

---

*역자 주: 우리는 사인은 사코 코사, 코사인은 코코 사사

그렇지만 삼각방정식 등에서는 가법정리가 있으면 편리하므로 여기서 삼각함수 가법정리를 복습해 두도록 한다. 유도방법은 생략한다. 알고 싶은 사람은 교과서나 고교수학 참고서를 다시 읽어보기를 바란다.

━━ 정현 · 여현의 가법정리 ━━━━━━━━━━━━━━━━

$$\sin(\alpha + \beta) = \sin\alpha \, \cos\beta + \cos\alpha \, \sin\beta$$

$$\sin(\alpha - \beta) = \sin\alpha \, \cos\beta - \cos\alpha \, \sin\beta$$

$$\cos(\alpha + \beta) = \cos\alpha \, \cos\beta - \sin\alpha \, \sin\beta$$

$$\cos(\alpha - \beta) = \cos\alpha \, \cos\beta + \sin\alpha \, \sin\beta$$

예 제 3-5	$\sin 75°$와 $\cos 15°$ 값을 구하시오.

▶ 해 답

가법정리로 구하면 다음과 같다.

$$\sin 75° = \sin(45° + 30°)$$

$$= \sin 45° \cos 30° + \cos 45° \sin 30°$$

$$= \frac{\sqrt{2}}{2} \cdot \frac{\sqrt{3}}{2} + \frac{\sqrt{2}}{2} \cdot \frac{1}{2} = \frac{\sqrt{6} + \sqrt{2}}{4}$$

$$\cos 15° = \cos(45° - 30°)$$

$$= \cos 45° \cos 30° + \sin 45° \sin 30°$$

$$= \frac{\sqrt{2}}{2} \cdot \frac{\sqrt{3}}{2} + \frac{\sqrt{2}}{2} \cdot \frac{1}{2} = \frac{\sqrt{6} + \sqrt{2}}{4}$$

▌2배각의 공식

β를 α와 같은 값으로 하여, $\alpha + \beta = \alpha + \alpha = 2\alpha$로 하면 다음과 같은 2배각의 공식을 얻을 수 있다.

━━ 2배각의 공식

$\sin 2\alpha = 2\sin\alpha\cos\alpha$

$\cos 2\alpha = \cos^2\alpha - \sin^2\alpha = 2\cos^2\alpha - 1 = 1 - 2\sin^2\alpha$

▌반각의 공식

2배각의 공식 $\cos 2\alpha = 2\cos^2\alpha - 1 = 1 - 2\sin^2\alpha$를 변형하면 다음과 같은 반각의 공식을 얻을 수 있다.

━━ 반각의 공식

$\sin^2\dfrac{\alpha}{2} = \dfrac{1 - \cos\alpha}{2}$

$\cos^2\dfrac{\alpha}{2} = \dfrac{1 + \cos\alpha}{2}$

예제 3-6	$0° \leq \theta < 360°$일 때, 함수 $y = \cos 2\theta + 2\sin\theta + 2$의 최댓값과 최솟값을 구하시오. 그때, θ 값도 구하시오.

◗ 해 답

$\cos 2\theta = 1 - 2\sin^2\theta$인 것을 사용한다.

$$y = \cos 2\theta + 2\sin\theta + 2 = 1 - 2\sin^2\theta + 2\sin\theta + 2$$

$$= -2\sin^2\theta + 2\sin\theta + 3$$

여기서, $\sin\theta = x$로 놓으면, $-1 \leq \sin\theta \leq 1$이므로 x의 변역은 $-1 \leq x \leq 1$ 가 된다. 따라서,

$$y = -2x^2 + 2x + 3 = -2(x^2 - x) + 3$$

$$= -2\left(x^2 - x + \frac{1}{4} - \frac{1}{4}\right) + 3$$

$$= -2\left(x - \frac{1}{2}\right)^2 + \frac{7}{2}$$

로 되어서 그림 3.22의 그래프처럼 된다.

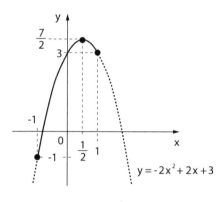

그림 3.22 $y = -2x^2 + 2x + 3$ 그래프

따라서, y는 다음과 같다.

$$x = \frac{1}{2}, \; 즉 \; \theta = 30°, 150° 일 \; 때, \; 최댓값 \; \frac{7}{2}$$

$$x = -1, \; 즉 \; \theta = 270° 일 \; 때, \; 최솟값 \; -1$$

3.2.2 삼각함수 합성

▌삼각함수를 합성하면?

손해가 발생하면, 즉 오히려 어렵게 된다면 합성하는 의미가 없다. $f(\theta) = \sin\theta$ $+ \sqrt{3} \cos\theta$ 그래프를 고려해본다. 그래프를 그릴 때 무엇이 문제가 되는가? 그 것은 변수 θ에 대하여 우변 함수는 $\sin\theta$와 $\sqrt{3} \cos\theta$ 둘 다 한 번에 변하는 것이다. 한 번에 2개소 이상이 변해버리면 그래프를 그리는 것은 어렵다. Excel을 사용하면 관계없지만 수작업으로 할 때는 이 $\sin\theta$와 $\sqrt{3} \cos\theta$를 무 엇인가 1개 함수로 바꾸고 싶을 것이다.

▌삼각함수를 합성한다

가법정리를 사용하여 $\sin\theta + \sqrt{3} \cos\theta$ 변형을 고려해본다.

$\sin\theta$와 $\cos\theta$ 계수는 각각 1과 $\sqrt{3}$ 이므로 점 P(1, $\sqrt{3}$)를 좌표축으로 한 다. 그러면 빗변이 2인 직각삼각형이 가능하다.

이것은 길이 비가 1 : 2 : $\sqrt{3}$ 인 직각삼각형(그림 3.23)이므로

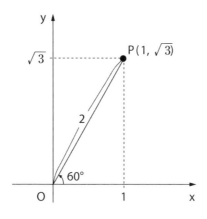

그림 3.23 빗변이 2인 직각삼각형

다음 식이 성립한다.

$$1 = 2\cos 60°, \ \sqrt{3} = 2\sin 60°$$

여기서, $\sin\theta$와 $\cos\theta$ 계수 대신에 각각 1과 $\sqrt{3}$ 의 우변 식을 대입하면

$$\begin{aligned}
\sin\theta + \sqrt{3}\cos\theta &= 2\cos 60°\sin\theta + 2\sin 60°\cos\theta \\
&= 2\left(\sin\theta\cos 60° + \cos\theta\sin 60°\right) \\
&= 2\sin\left(\theta + 60°\right)
\end{aligned}$$

로 된다. 즉, $y = \sin\theta + \sqrt{3}\cos\theta$ 그래프는 $y = 2\sin\left(\theta + 60°\right)$ 그래프를 그리면 된다는 것을 알 수 있다.

일반적으로 삼각함수 합성은 다음 식과 같이 된다.

$$a \sin\theta + b\cos\theta = \sqrt{a^2+b^2}\,\sin(\theta+\alpha)$$

단, $\cos\alpha = \dfrac{a}{\sqrt{a^2+b^2}}$, $\sin\alpha = \dfrac{b}{\sqrt{a^2+b^2}}$

예 제 3-7	$0° \leq \theta < 360°$일 때, 함수 $y=\sin\theta + \cos\theta$의 최댓값과 최솟값을 구하시오. 그때, θ 값도 구하시오.

➡ 해 답

$$y = \sin\theta + \cos\theta = \sqrt{1+1}\left(\frac{1}{\sqrt{2}}\sin\theta + \frac{1}{\sqrt{2}}\cos\theta\right)$$

$$= \sqrt{2}\,(\cos 45° \sin\theta + \sin 45° \cos\theta)$$

$$= \sqrt{2}\,(\sin\theta \cos 45° + \cos\theta \sin 45°)$$

$$= \sqrt{2}\,\sin(\theta + 45°)$$

여기서, $0° \leq \theta < 360°$에서 $45° \leq \theta + 45° < 405°$로 되고 또한, $-1 \leq \sin(\theta+45°) \leq 1$로 되므로 해답은 다음과 같다.

$$\sin(\theta+45°) = 1, \ \text{즉} \ \theta = 45°\text{일 때, 최댓값} \ \sqrt{2}$$

$$\sin(\theta+45°) = -1, \ \text{즉} \ \theta = 225°\text{일 때, 최솟값} - \sqrt{2}$$

▌삼각함수 합성을 Excel로 확인한다 ●Ref : [Math0302.xls]의 [삼각함수 합성] 시트

$a\sin(m\theta+\alpha)+b \cdots$ (1)과 $a'\cos(m'\theta+\alpha')+b' \cdots$ (2)의 그래프를 그리고 거기다 이 2개를 합성한 그래프를 그려보자.

그림 3.24와 같은 워크시트를 작성한다.

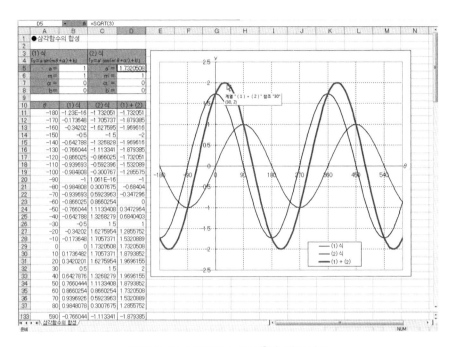

그림 3.24 [삼각함수 합성]의 워크시트

여기서는 셀 B5 ~ B8에 식 (1)의 a, m, α 및 b 값을 셀 D5 ~ D8에 식 (2)의 a', m', α' 및 b' 값을 입력한다. θ 값($-180 \sim 600(°)$)를 10(°)씩 나누어 셀 범위 A11:A143에 입력한다.

B열에 식 (1)의 계산결과를 C열에 식 (2)의 계산결과를 D열에 식 (1)과 식 (2)를 다 더한 계산결과를 구한다. 셀 B11에 입력한 수식은 [=$B$5*SIN(RADIANS($B$6*A11+$B$7))+$B$8)], 셀 C11에 입력한 수식은 [=$D$5*COS(RADIANS($D$6*A11+$D$7))+$D$8], 셀 D11에 입력한 수식은 [=B11+C11]이다. 이들을 제143행까지 복사하면, 그래프의 데이터로 이루어지는 표가 완성된다.

셀 범위 A11:C143을 선택하여 [데이터 표식 없이 곡선으로 연결된 분산형] 의 그래프를 작성한다.

그래프 형식을 정리한 후 상수를 여러 가지로 변화시켜 어떠한 그래프로 되는지를 시험해보시오. 그림 3.24에서는 식 (1)의 상수를 $a=1$, $m=1$, $\alpha=0$ 및 $b=0$, 식 (2)의 상수를 $a'=\sqrt{3}$ ([=SQRT(3)]로 입력), $m'=1$, $\alpha'=0$ 및 $b'=0$으로 하고, $y=\sin\theta+\sqrt{3}\cos\theta=2\sin(\theta+60°)$인 것을 확인할 수 있다.

지수함수와 대수함수

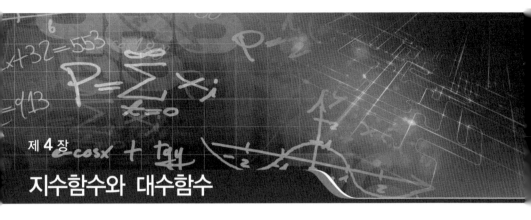

제4장
지수함수와 대수함수

4.1 지수와 지수함수

4.1.1 지수함수와 그래프

▌0을 셀 수 있다는 것

천이라 하면 1,000에서 [0]이 3개, 1만이라 하면 10,000에서 [0]이 4개이다. 이 [0]에 대하여 무엇을 의식하는가? [0]의 수, 즉 자릿수이다.

지수를 사용한 표현 방법은 $1,000 = 10^3$이고, $10,000 = 10^4$가 된다. 가장 간단한 예이지만 천은 0이 3개, 1만은 0이 4개로 머릿속에서 치환하는 사고가 지수적인 표기의 발상이다. 지수를 배우기 이전부터 어느 정도 지수를 자연적으로 사용하고 있었던 것이다.

▌지수법칙

지수법칙의 정의나 법칙은 다음과 같다.

━━ 정 의 ━━━━━━━━━━━━━━━━━━━━━━━━━━━━━━━━

$a > 0$, m, n을 양(+)의 정수, p를 유리수로 하면

$$a^{\frac{m}{n}} = \sqrt[n]{a^m} = \left(\sqrt[n]{a}\right)^m \text{ 특히, } a^{\frac{1}{n}} = \sqrt[n]{a}$$

$$a^0 = 1$$

$$a^{-p} = \frac{1}{a^p}$$

━━ 법 칙 ━━━━━━━━━━━━━━━━━━━━━━━━━━━━━━━━

$a > 0$, $b > 0$이고, p, q를 유리수로 하면

$$a^p \times a^q = a^{p+q}$$

$$\left(a^p\right)^q = a^{pq}$$

$$(ab)^p = a^p \times b^p$$

예 제 4-1	함수 $y = 2^x$의 그래프를 그리시오.

💠 해 답

처음에 x에 정수값을 주고 y 값을 계산해본다.

x	⋯	-4	-3	-2	-1	0	1	2	3	4	⋯
y	⋯	$\frac{1}{16}$	$\frac{1}{8}$	$\frac{1}{4}$	$\frac{1}{2}$	1	2	4	8	16	⋯

기타의 값은 다음과 같이 구할 수 있다.

$x = 0.5$일 때, $y = 2^{0.5} = 2^{\frac{1}{2}} = \sqrt{2} \fallingdotseq 1.414$

$x = 0.25$일 때, $y = 2^{0.25} = \left(2^{\frac{1}{2}}\right)^{\frac{1}{2}} = \sqrt{\sqrt{2}} \fallingdotseq 1.189$

$x = -1.5$일 때, $y = 2^{-1.5} = \dfrac{1}{2^{1.5}} = \dfrac{1}{2\sqrt{2}} \fallingdotseq 0.3536$

이상에서 좌표평면상에 점을 찍어보면 그림 4.1과 같다.

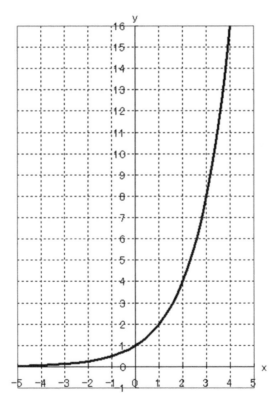

그림 4.1 $y = 2^x$의 그래프

예 제 4-2	함수 $y = \dfrac{2^x}{4}$ 의 그래프를 그리시오.

💬 해 답

$\dfrac{1}{4}$ 이 $y = 2^x$ 에 대하여 어떤 영향을 주는 지가 중요하다. 지수법칙을 사용

하면

$$y = \frac{2^x}{4} = 2^x \times \frac{1}{4} = 2^x \times 2^{-2} = 2^{x-2}$$

로 된다. 그러므로 2차함수 경우에서 $y = a(x-p)^2 + q$에서 $-p$의 작용과 같이 -2의 존재는 $y = 2^x$의 그래프를 x축 정의 방향으로 2만큼 이동한 것으로 된다. y 값을 구하면 다음 표와 같다.

x	...	-4	-3	-2	-1	0	1	2	3	4	...
$2x^2$	...	$\dfrac{1}{16}$	$\dfrac{1}{8}$	$\dfrac{1}{4}$	$\dfrac{1}{2}$	1	2	4	8	16	...
2^{x-2}	...	$\dfrac{1}{64}$	$\dfrac{1}{32}$	$\dfrac{1}{16}$	$\dfrac{1}{8}$	$\dfrac{1}{4}$	$\dfrac{1}{2}$	1	2	4	...

이 표를 가지고 좌표평면상에 점을 찍어 그래프를 그리면 그림 4.2와 같은 곡선이 얻어진다. 또한, 비교를 위하여 $y = 2^x$ 도 그려 놓았다.

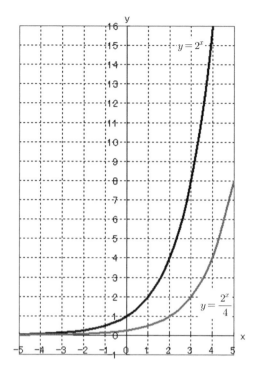

그림 4.2 $y = 2^x$ 와 $y = \dfrac{2^x}{4}$ 의 그래프

▌지수함수 성질

일반적으로 a가 1이 아닌 양(+)의 상수일 때,

$$y = a^x$$

로 표현되는 함수를 a를 밑으로 하는 지수함수라 한다.

지수함수 $y = a^x$ 에서는 다음과 같은 특징이 있다(그림 4.3).

(1) 정의역은 실수 전체로 되고, 치역은 양(+)의 실수 전체로 된다.

(2) 그래프는 점(0, 1)을 통과하고, x축이 점근선이 된다.

(3) $a > 1$일 때, x 값이 증가하면, y 값도 증가한다.

   $0 < a < 1$일 때, x 값이 증가하면, y 값은 감소한다.

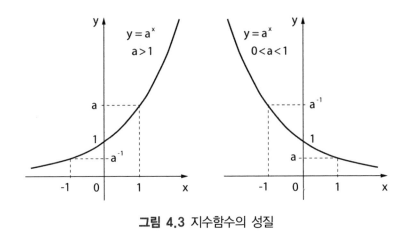

그림 4.3 지수함수의 성질

▌**Excel로 지수함수 그래프를 그린다** ● Ref : [Math0401.xls]의 [지수함수 (1)] 시트

a 를 양(+)의 실수, m, p 를 유리수로 할 때

$$y = ma^{x + p}$$

로 표현되는 지수함수 그래프를 작성해보자. 그림 4.4와 같은 워크시트를 작성한다.

   여기서는 셀 B3에 a 값을, 셀 B4에 m 값을, 셀 B5에 p 값을 입력한다. x 값($-5 \sim 5$)를 셀 범위 A8:A18에 입력한다. 비교를 위하여 셀 B8에 $y = a^x$ 값을, 셀 C8에 $y = ma^{x+p}$ 값을 계산한다.

   셀 B8에 입력한 수식은 [=$B$3^A8], 셀 C8에 입력한 수식은 [=$B$4*$B

$3\char`\^(A8+\$B\$5)]$이다. 이들을 제18행까지 복사하면, 그래프의 데이터로 이루어
지는 표가 완성된다.

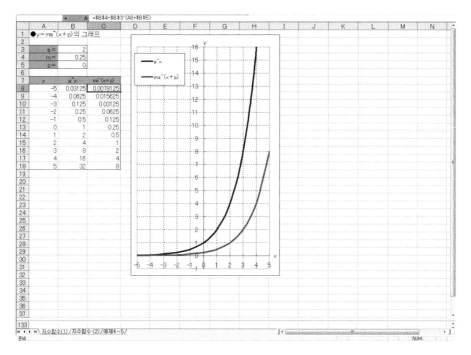

그림 4.4 [지수함수 (1)]의 워크시트

또, 제곱을 구하는 것은 Excel의 **POWER 함수**를 사용하여 [\$B\$3\char`\^A8] 대
신에 [=POWER(\$B\$3,A8)]로 하는 것도 가능하다.

셀 범위 A8:C18을 선택하여 [데이터 표식 없이 곡선으로 연결된 분산형]의
그래프를 작성한다. 그래프 형식을 정리한 후 상수를 여러 가지로 변화시켜
어떠한 그래프로 되는지를 시험해보시오.

4.1.2 지수함수와 방정식

▌기본은 2차방정식

시험 공부를 하면서 요령을 바라는 것은 옳고 그름을 떠나서 수학에서도 마찬가지이다. 가르치는 데 있어서 전부는 무리지만 보다 범용성이 높은 것을 가르치고 싶기 때문에 이들의 진위여부를 판별하는 힘이 가르치는 사람의 실력이 될 때도 있다. 적절한 재량의 결과, 응용력을 키울 것인지, 적응 능력을 기를 것인지는 당장 눈앞의 점수보다도 더 큰 문제가 될 수도 있다.

지수함수도 방정식이므로 기본은 자주 나오는 1차방정식이나 2차방정식이 된다. 방정식이므로 삼각함수나 지수함수에서도 좌변 식과 우변 식의 값을 같게 하여 변수의 값을 찾게 된다. 좌변의 함수 그래프와 우변의 함수 그래프를 그려보면 교점을 찾을 수 있다. 이와 같은 작업은 인간으로서는 힘든 일인 것으로 생각하여도 컴퓨터에서는 쉬운 것이다.

예제 4-3	방정식 $4^x - 2^{x+2} = 32$의 그래프를 그리시오.

▶ 해 답

처음에 우변의 32를 이항하여 $4^x - 2^{x+2} - 32 = 0$로 한다.

$$4^x = \left(2^2\right)^x = 2^{2x} = \left(2^x\right)^2$$
$$2^{x+2} = 2^x \cdot 2^2 = 4 \cdot 2^x$$

로 된다. 여기서, $2^x = X$로 놓으면, 방정식은 다음과 같이 계산할 수 있다.

$$X^2 - 4X - 32 = 0$$

$$(X-8)(X+4) = 0$$

여기서, $X = 2^x > 0$이므로 $X = 8$로 된다.

따라서, $2^x = 8 = 2^3$에서 해는 $x = 3$이 된다.

▌Excel에 의한 해법 ● Ref : [Math0401.xls]의 [지수함수 (2)] 시트

Excel에서 좌변과 우변의 함수 그래프를 그리고 교점 x좌표를 확인해보자.

방정식 $4^x - 2^{x+2} = 32$를

$$4^x = 2^{x+2} + 32$$

로 변형하고, 4^x 그래프와 $2^{x+2} + 32$ 그래프를 작성해본다(그림 4.5).

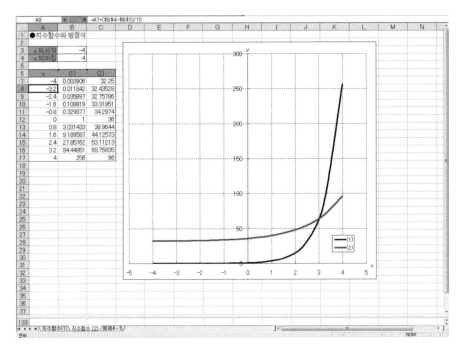

그림 4.5 [지수함수 (2)]의 워크시트

x는 미지수이므로 워크시트에서 x 범위를 여러 가지로 시험해볼 수 있도록 하면 편리하다. 우선, 셀 B3에 x 시작값으로 [−4]를, 셀 B4에 x 마지막 값 [4]를 입력한다. 이 범위를 10등분으로 구분한 x 값을 셀 범위 A7:A17에 계산한다. 그리고 셀 A7에는 x 시작 값을 넣기 위한 [=$B$3]을 입력한다. 셀 A8에 [=A7+($B$4−$B$3)/10]을 입력하고, 셀 A17까지 복사한다.

셀 B7에는 좌변의 식 [=POWER(4,A7)]을, 셀 C7에는 우변의 식 [=POWER(2,A7+2)+32]를 입력하고, 각각 제17행까지 복사한다. 또, POWER 함수 대신에 연산자 [^]을 사용하고, 셀 B7로 말하면 [=4^A7]로 하는 것도 가능하다.

셀 범위 A7:C17을 선택하여 [데이터 표식 없이 곡선으로 연결된 분산형]의 그래프를 작성한다.

그래프를 보면 교점의 x좌표는 [3]이다. x의 시작값을 [2]로 하고, 이것에 맞추어 그래프 [X(값) 축]의 눈금을 최솟값 [2], 최댓값 [4]로 하면, 교점 부근을 확대시켜 표시하는 것이 가능하다(그림 4.6).

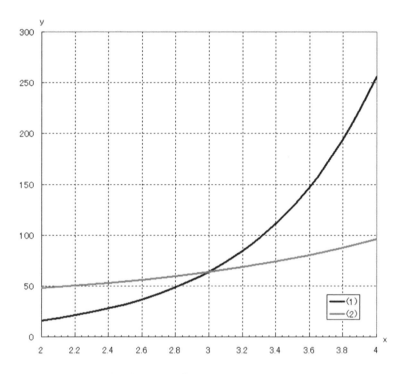

그림 4.6 x 범위와 그래프 축을 조정하여 교점 부근을 확대한다.

4.1.3 지수함수와 부등식

▋부등식도 그래프로 하면 일목요연하다

4.1.2항의 지수함수와 방정식과 마찬가지로 이 지수함수와 부등식도 기본은 1차방정식, 2차방정식이다.

부등식은 대소 관계를 보여주는 식이다. 큰지 작은지는 간단하게 그래프를 그려보면 즉시 판단할 수 있을 것이다. 좌변과 우변을 각각 함수로 간주하여 그래프를 그리고, 어디에서 우변의 식(또는 좌변의 식)이 위에 있는지를 확인해나가면 된다. 단, 함수가 조금 복잡하면 손으로 그래프를 그려서 눈으로 확인하는 것이 어려우므로 수학이 더욱더 어렵게 느껴질 것이다.

예 제 4-4	방정식 $9^x < 2 \cdot 3^x + 3$을 만족하는 x 값의 범위를 구하시오.

🔷 해 답

처음에 밑을 3으로 맞춘다.

$$9^x = \left(3^2\right)^x = \left(3^x\right)^2$$

여기서, $3^x = X$로 놓으면, 주어진 부등식은 다음과 같이 계산할 수 있다.

$$X^2 < 2X + 3$$
$$X^2 - 2X - 3 < 0$$
$$(X-3)(X+1) < 0$$

$X = 3^x > 0$에서 $X < 3$이 된다. 그러므로

$$3^x < 3$$

이므로, $a > 1$일 때, $a^p > a^q$ 로 되면 $p > q$이므로

$$3^x < 3^1$$

즉, 해는 $x < 1$로 된다.

▌Excel에 의한 해법

예제 4-4에서 작성한 워크시트를 사용하여 좌변과 우변의 함수 그래프를 그리고 교점 x 좌표를 확인해보자(그림 4.7).

셀 B7에는 좌변의 식 [=POWER(9,A7)]을, 셀 C7에는 우변의 식 [=2*(POWER(3,A7+3)]를 입력하고, 각각 제17행까지 복사한다. 셀 범위 A7:C17을 선택하여 [데이터 표식 없이 곡선으로 연결된 분산형]의 그래프를 작성한다.

셀 B3과 B4의 수치를 변화시켜 교점 부근 x 좌표를 찾아보면 교점 x 좌표는 [1]이다. x 시작값으로 [0.5], x 마지막 값을 [1.5]로 하고, 이것에 맞추어 그래프 [X(값) 축]의 눈금을 최솟값 [0.5], 최댓값 [1.5]로 하면, 그림 4.7과 같은 그래프가 얻어진다. 이 그래프에서 해는 $x < 1$인 것을 확인할 수 있다.

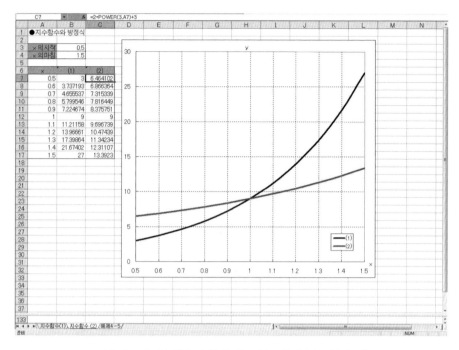

그림 4.7 [지수함수 (2)]의 워크시트에서 부등식의 해

| 예 제
4-5 | 다음 각 수의 대소 관계를 조사하시오.
$\sqrt[4]{8}$, $\sqrt[3]{16}$, $\sqrt[5]{64}$ |

💨 **해 답**

$$\sqrt[4]{8} = \sqrt[4]{2^3} = 2^{\frac{3}{4}}, \ \sqrt[3]{16} = \sqrt[3]{2^4} = 2^{\frac{4}{3}}, \ \sqrt[5]{64} = \sqrt[5]{2^6} = 2^{\frac{6}{5}}$$

이들의 지수를 비교하면,

$$\frac{3}{4} = \frac{45}{60}, \ \frac{4}{3} = \frac{80}{60}, \ \frac{6}{5} = \frac{72}{60}$$

이므로,

$$\frac{3}{4} < \frac{6}{5} < \frac{4}{3}$$

밑은 2로서 1보다 크므로 다음과 같이 된다.

$$2^{\frac{3}{4}} < 2^{\frac{6}{5}} < 2^{\frac{4}{3}}$$

따라서, 해는 다음과 같다.

$$\sqrt[4]{8} \ < \ \sqrt[5]{64} \ < \ \sqrt[3]{16}$$

▌Excel에 의한 해법 • Ref : [Math0401.xls]의 [예제 4–5] 시트

$\sqrt[4]{8}$, $\sqrt[3]{16}$, $\sqrt[5]{64}$ 의 값을 실제로 계산하여 비교해보자.

그림 4.8과 같이 워크시트를 작성한다.

$\sqrt[4]{8}$ 의 값은[=POWER(8,1/4)], $\sqrt[3]{16}$ 의 값은 [=POWER(16,1/3)], $\sqrt[5]{64}$ 의 값은 [=POWER(64,1/5)]로 계산한다. 계산결과를 막대그래프화하면 대소 관계는 일목요연하게 확인할 수 있다.

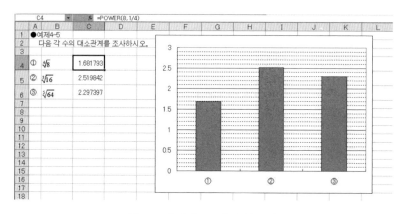

그림 4.8 [예제 4-5]의 워크시트

4.2 대수와 대수함수

4.2.1 대수함수와 그래프

▌대수라는 것

세균은 매시간마다 몇 배로 증식하고 있다. 차입금도 이자를 복리로 계산하면 급격히 증가한다. 이와 같이 지수함수 $y = a^x$로 표현되는 것을 다룰 때 **대수**를 사용하면 계산을 간략화할 수 있다.

일반적으로 $a > 0$, $a \neq 1$일 때, 임의의 양수 p에 대하여

$$a^x = p$$

를 만족하는 x 값은 오직 1개로 결정된다. 이 x 값을

$$\log_a p$$

로 표시하고, a를 밑으로 하는 p의 대수라 말한다. 이때, p를 이 대수의 **진수**라 말하고, 진수는 항상 양수이다.

■■■ 지수와 대수의 관계·대수법칙

$a > 0$, $a \neq 1$, $M > 0$, $N > 0$, r을 임의의 실수라 할 때, 다음이 성립한다.

$$a^p = M \quad \Leftrightarrow \quad p = \log_a M$$

$$\log_a MN = \log_a M + \log_a N$$

$$\log_a \frac{M}{N} = \log_a M - \log_a N$$

$$\log_a M^r = r \log_a M$$

■■■ 밑의 변환공식

a, b, c가 양수이고, $a \neq 1$, $c \neq 1$일 때,

$$\log_a b = \frac{\log_c b}{\log_c a}$$

예제 4-6	함수 $y = \log_2 x$ 그래프를 그리시오.

▶ 해 답

처음에 x의 여러 가지 값에 대한 y 값을 계산해본다.

x	...	$\frac{1}{16}$	$\frac{1}{8}$	$\frac{1}{4}$	$\frac{1}{2}$	1	2	4	8	16	...
y	...	-4	-3	-2	-1	0	1	2	3	4	...

x의 분수의 값에 대해서는 다음과 같이 계산한다.

$$x = \frac{1}{2} \text{ 일 때, } y = \log_2 \frac{1}{2} = \log_2 2^{-1} = -1$$

$$x = \frac{1}{4} \text{ 일 때, } y = \log_2 \frac{1}{4} = \log_2 2^{-2} = -2$$

$$\vdots$$

이 표를 바라보면 예제 4-1에서 작성한 표의 x와 y 값을 바꿔 놓은 것을 알 수 있다. 좌표평면상에 점을 취하면 그림 4.9와 같다.

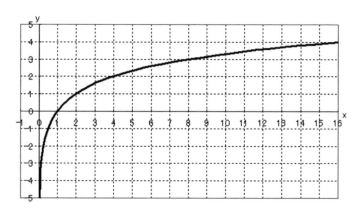

그림 4.9 $y = \log_2 x$ 그래프

▌대수함수 성질

일반적으로 a가 1이 아닌 양의 상수일 때

$$y = \log_a x$$

로 표현하는 함수를 a를 밑으로 하는 x의 **대수함수**라 말한다.

대수함수 $y = \log_a x$ 그래프는 지수함수 $y = a^x$ 그래프를 직선 $y = x$에 관하여 대칭이동하면 얻을 수 있다(그림 4.10).

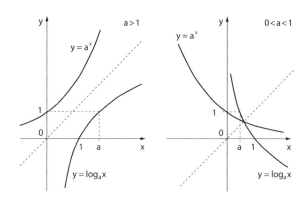

그림 4.10 대수함수 성질

또한, 대수함수 $y = \log_a x$는 다음과 같은 성질이 있다.

(1) 정의역은 양의 실수 전체이고, 치역은 실수 전체가 된다.

(2) 그래프는 점 $(1, 0)$을 통과하고, y축이 점근선으로 된다.

(3) $a > 1$일 때, x 값이 증가하면, y 값도 증가한다.

　　$0 < a < 1$일 때, x 값이 증가하면 y 값은 감소한다.

예 제 4-7	함수 $y = \log_{\frac{1}{4}} x$의 그래프를 그리시오.

▶ **해 답**

처음에 밑의 변환공식을 사용한다.

$$y = \log_{\frac{1}{4}} x = \frac{\log_2 x}{\log_2 \frac{1}{4}} = \frac{\log_2 x}{\log_2 2^{-2}} = -\frac{1}{2} \log_2 x$$

이것에서 $y = \log_2 x$ 값을 모두 $-\dfrac{1}{2}$ 배한 그래프를 그리면 된다는 것을 알 수 있다. 표를 작성하면 다음과 같다.

x	$\cdots$	$\dfrac{1}{16}$	$\dfrac{1}{8}$	$\dfrac{1}{4}$	$\dfrac{1}{2}$	1	2	4	8	16	$\cdots$
$\log_2 x$	$\cdots$	-4	-3	-2	-1	0	1	2	3	4	$\cdots$
$\log_{\frac{1}{4}} x$	$\cdots$	2	$\dfrac{3}{2}$	1	$\dfrac{1}{2}$	0	$-\dfrac{1}{2}$	-1	$-\dfrac{3}{2}$	-2	$\cdots$

따라서, 그래프는 그림 4.11과 같다. 또한, 비교를 위하여 $y = \log_2 x$ 도 그려놓는다.

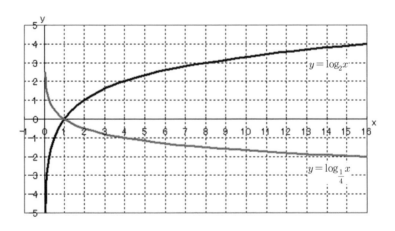

그림 4.11 $y = \log_2 x$ 와 $y = \log_{\frac{1}{4}} x$ 그래프

▌Excel에서 대수함수 그래프를 그려보자

● Ref : [Math0402.xls]의 [대수함수 (1)] 시트

다음 대수함수 그래프를 작성하여 보자.

(1) $y = \log_2 x$

(2) $y = \log_2 \dfrac{1}{x}$

(3) $y = \log_{\frac{1}{2}} x$

(4) $y = \log_{\frac{1}{2}} \dfrac{1}{x}$

그림 4.12와 같이 워크시트를 작성한다.

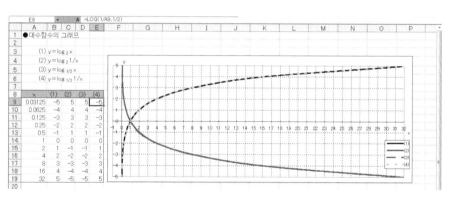

그림 4.12 [대수함수 (1)]의 워크시트

우선, 셀 범위 A9:A19에 x 값을 그림과 같이 입력한다. 셀 A9에는 [=1/32]로 입력하는 것이 간단하다.

다음으로 셀 B9 ~ E9에 각각의 y를 구하기 위하여 Excel의 **LOG 함수**를 사용한 수식을 입력한다. LOG 함수의 서식은

$$LOG(수치, 밑)$$

이다. 수치에 0이나 음의 수를 지정하면, #NUM! 에러가 된다. 밑을 생략하면 밑이 10인 상용대수로 본다.

셀 B9 수식은 [=LOG(A9,2)], 셀 C9 수식은 [=LOG(1/A9,2)], 셀 D9 수식은 [=LOG(A9,1/2)], 셀 E9 수식은 [=LOG(1/A9,1/2)]이다. 이들을 제19행까지 복사하면, 그래프의 데이터로 되는 표가 완성된다. 셀 범위 A9:E19를 선택하여 [데이터 표식 없이 곡선으로 연결된 분산형]의 그래프를 작성하고, 그래프 형식을 정리한다. 특히, 계열의 3번 항과 4번 항의 데이터 표식 모양을 파선 등으로 변경하면 그래프가 중복되는 것을 알 수 있다.

4.2.2 대수함수와 방정식

▌덧셈은 곱셈, 뺄셈은 나눗셈으로

대수의 성질에서는 $\log_a M + \log_a N = \log_a MN$, $\log_a M - \log_a N = \log_a\left(\dfrac{M}{N}\right)$이 된다. 즉, 덧셈은 곱셈 계산으로 되고, 뺄셈은 나눗셈 계산으로 된다. 이 결과, 곱셈이 요구되는 곳에서는 1차식 × 1차식에서 2차식, 1차식 × 2차식에서 3차식 등으로 표현된다. 즉, 지수함수의 방정식 문제와 마찬가지로 대수함수의 방정식에서도 그 내용은 1차방정식, 2차방정식, 3차 방정식이다.

수학을 공부하면서 때때로 '무엇을 모르는지'를 모른다는 말을 듣는다. 바꾸

어 말하면 어디가 중요한지, 자주 사용되는 것은 무엇인지를 모르는 것이다. 어떤 일도 기본이 중요하다. 무리하게 발돋움하려 애쓰지 말고, 표준적인 문제를 몸에 배일 정도로 연습하는 것이 최고이다. 전에 배웠던 것, 이전에 연습한 것을 새로운 문제에 응용할 수 있으면 성장하고 있다고 말할 수 있다.

| 예 제 4-8 | 방정식 $\log_{10} x + \log_{10}(x-3) = 1$의 해를 구하시오. |

해 답

진수가 양수여야 하므로 $x > 0$, $x - 3 > 0$에서

$$x > 3$$

로 된다.

또한, $1 = \log_{10} 10$에서 주어진 방정식 계산은 다음과 같다.

$$\log_{10} x(x-3) = \log_{10} 10$$
$$x(x-3) = 10$$
$$x^2 - 3x - 10 = 0$$
$$(x-5)(x+2) = 0$$

따라서, $x = 5, -2$

단, 진수조건 $x > 3$이므로 해는 $x = 5$가 된다.

▌Excel에 의한 해법 ●Ref : [Math0402.xls]의 [대수함수 (2)] 시트

Excel에서 좌변과 우변의 함수 그래프를 그리고, 교점 x 좌표를 확인해보자
(그림 4.13).

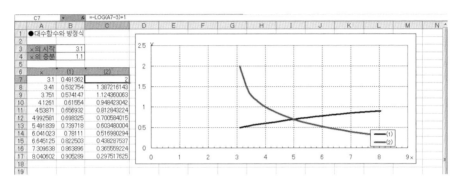

그림 4.13 [대수함수 (2)]의 워크시트

방정식 $\log_{10} x + \log_{10}(x-3) = 1$을

$$\log_{10} x = -\log_{10}(x-3) + 1$$

로 변형하고, $\log_{10} x$ 그래프와 $-\log_{10}(x-3)+1$ 그래프를 그려본다.

$x > 3$로 있는 것은 알고 있으므로 셀 B3에 x 시작값으로 [3.1]을 입력한다.
x 범위를 여러 가지로 시험할 수 있으므로 셀 B4에 x 증가분값으로 [2]를 입
력해둔다(이 값은 뒤에 변경한다).

셀 범위 A7:A17에 x 값을 계산한다. 우선, 셀 A7에는 x 시작값을 넣어두
기 위해 [=$B$3]을 입력한다. 셀 A8에는 [=A7*$B$4]을 입력하고, 셀 A17까
지 복사한다. 이것으로 셀 B4에서 지정한 증가분씩 x가 증가한다.

셀 B7에는 좌변의 식[=LOG(A7)]을, 셀 C7에는 우변의 식 [=−LOG(A7−

3)+1]을 입력하고, 각각 제17행까지 복사한다. 또, 이 예와 같이 밑이 10일 때는 LOG 함수에서 지정하는 밑을 생략할 수 있다.

셀 범위 A7:C17을 선택하여 [데이터 표식 없이 곡선으로 연결된 분산형]의 그래프를 작성한다.

그래프를 보면 교점 x 좌표는 작은 값인 것처럼 보인다. 그래서 증가분값을 [1.1]로 해본다. 그러면 그림 4.13과 같이 교점 x 좌표가 [5]로 있는 것을 확인할 수 있다.

LOG 함수 인수로 0이나 음수를 지정하면 #NUM! 에러가 발생한다. Excel은 에러가 된 셀 값을 [0]으로 취급하여 분산도에 찍는다. 이 예에서는 셀 B3에 3 이하의 숫자를 입력하면 셀 C7이 #NUM! 에러가 되어 그래프에서는 (3, 0) 좌표에 찍혀진다. 더욱이 [곡선으로 연결한다]로 그래프를 지정하였으므로 이 무의미한 점도 곡선으로 연결된다(그림 4.14). 또한, 에러난 곳 주변에서는 곡선 모양도 부정확해진다. 이 때문에 그래프의 기본이 되는 셀에 에러가 발생하는 경우는 주의가 필요하다.

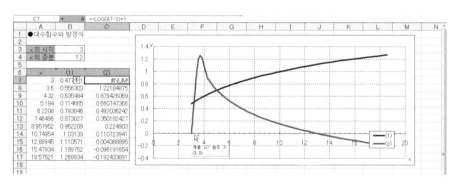

그림 4.14 에러가 발생한 셀과 그래프

4.2.3 대수함수와 부등식

▌안전과 위험의 부등식

에어컨이나 냉장고에는 온도를 일정하게 유지하는 자동제어 기능이 갖추어져 있다. 통계학에서는 목적 범위 내측에 있으면 채택역, 그 외측에 있으면 기각역이라 하여 안전이나 위험 등의 범위를 고려한다. 부등식에서 고려한다고 말하는 것은 이것과 비슷하여 어디까지가 가능한지 아닌지를 찾는 것이다. 자동제어를 위한 2개 이상의 함수, 예를 들면 발열함수와 냉각함수 등 각각 2차 함수일지도 모르고, 지수함수일지도 모른다. 또는 대수함수일지도 모르고, 경우에 따라서는 주기를 가지는 삼각함수일지도 모른다. 물론 이들을 혼합할 때도 있다. 부등식은 어디까지가 안전한지 또는 위험한지를 판단하는 계산에 사용되기도 한다.

예 제 4-9	부등식 $\log_3(x-3)+\log_3(x-5)<1$을 만족하는 x 값의 범위를 구하시오.

▶ 해 답

진수가 양수여야 하므로 $x-3>0$, $x-5>0$에서

$$x>5$$

로 된다.

또한, $1=\log_3 3$에서

$$\log_3(x-3)(x-5) < \log_3 3$$

로 된다. 그래서 대수의 밑은 3으로 1보다 크므로 주어진 부등식은 다음과 같이 계산할 수 있다.

$$(x-3)(x-5) < 3$$
$$x^2 - 8x + 15 < 3$$
$$x^2 - 8x + 12 < 0$$
$$(x-2)(x-6) < 0$$
$$2 < x < 6$$

단, 진수조건 $x > 5$이므로 해는 $5 < x < 6$이 된다.

▌Excel에 의한 해법

예제 4-8에서 작성한 워크시트를 사용하여 좌변과 우변의 함수 그래프를 그리고, 교점 x 좌표를 확인해보자(그림 4.15).

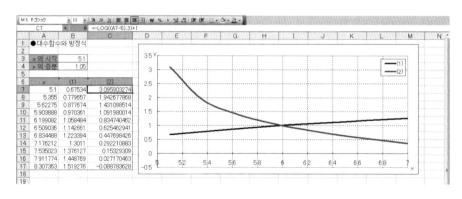

그림 4.15 [대수함수 (2)]의 워크시트에서 부등식을 풀이한다.

부등식 $\log_3(x-3) + \log_3(x-5) < 1$을

$$\log_3 (x-3) < -\log_3 (x-5) + 1$$

로 변형하고, 셀 B7에는 좌변의 식[=LOG(A7−3,3)]을, 셀 C7에는 우변의 식 [=−LOG((A7−5),3)+1]을 입력하고, 각각 제17행까지 복사한다. 셀 범위 A7:C17을 선택하여 [데이터 표식 없이 곡선으로 연결된 분산형]의 그래프를 작성한다.

진수조건 $x > 5$에서 x 시작값으로 [5.1]로 하고, 셀 B4의 x 증가분값을 바꾸어서 교점 부근의 x 값을 찾아보면 교점 x 좌표는 [6]으로 된다. x 증가분의 값을 [1.05]로 하고, 그래프의 [X(값) 축] 눈금을 최솟값 [5], 최댓값 [7]로 하면 그림 4.15의 그래프를 얻을 수 있다. 이 그래프와 진수조건에서 해는 $5 < x < 6$에 있는 것을 알 수 있다.

예 제 4-10	다음 수를 작은 것부터 순서대로 나열하시오. $\dfrac{1}{2}$, $-\log_2 \dfrac{1}{3}$, $\log_{\frac{1}{2}} 7$

해 답

밑을 맞추기 위해 $\log_2 P$ 모양으로 고쳐서 진수를 비교한다.

$$\frac{1}{2} = \frac{1}{2} \cdot \log_2 2 = \log_2 \sqrt{2}$$

$$-\log_2 \frac{1}{3} = \log_2 \left(\frac{1}{3}\right)^{-1} = \log_2 3$$

$$\log_{\frac{1}{2}} 7 = \frac{\log_2 7}{\log_2 \frac{1}{2}} = -\log_2 7 = \log_2 \frac{1}{7}$$

밑은 2로서 1보다 크므로

$$\log_2 \frac{1}{7} \ < \ \log_2 \sqrt{2} \ < \ \log_2 3$$

로 된다. 그러므로 해는 다음과 같다.

$$\log_{\frac{1}{2}} 7 < \frac{1}{2} \ < \ - \log_2 \frac{1}{3}$$

이 관계를 그래프로 표현하면 그림 4.16과 같다.

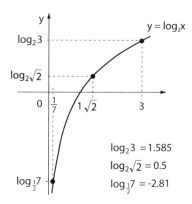

그림 4.16 대수함수의 그래프에서 수의 대소를 비교한다.

▌Excel에 의한 해법   ● Ref : [Math0402.xls]의 [예제 4–10] 시트

$\frac{1}{2}$, $- \log_2 \frac{1}{3}$, $\log_{\frac{1}{2}} 7$의 값을 실제로 계산하여 비교해보자.

그림 4.17과 같이 워크시트를 작성한다.

$-\log_2 \dfrac{1}{3}$ 의 값은 [LOG(3,2)], $\log_{\frac{1}{2}} 7$ 의 값은 [=LOG(1/7,2)]로 계산한다.

계산결과를 막대그래프로 보이면 대소 관계는 일목요연하다.

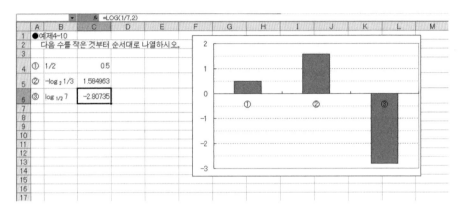

그림 4.17 [예제 4-10]의 워크시트

예 제 4-11	$\dfrac{1}{4} \le x \le 4$일 때, 함수 $y = \left(\log_2 x\right)^2 + \log_2 \dfrac{1}{x^2}$ 에 대하여 Excel을 사용하여 다음 물음에 답하시오.
	(1) $X = \log_2 x$로 둘 때, X 범위를 구하시오.
	(2) 함수 $y = \left(\log_2 x\right)^2 + \log_2 \dfrac{1}{x^2}$ 의 최댓값과 최솟값을 구하시오. 이때, x 값도 구하시오

▌ **Excel에 의한 해법** ● Ref : [Math0402.xls]의 [예제 4-11] 시트

그림 4.18과 같이 워크시트를 작성한다.

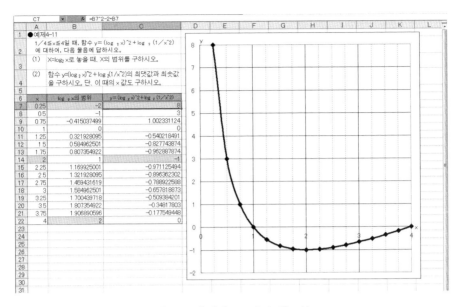

그림 4.18 [예제 4-11]의 워크시트

$\dfrac{1}{4} \le x \le 4$ 범위에서 x 값을 A열에 입력한다. 여기서는 0.25에서 0.25씩 증가하는 연속 데이터를 작성한다. 셀 B7에 X 값 [=LOG(A7,2)]를 셀 C7에 y 값 [=B7^2−2*B7]을 계산한다. 이들을 제22행까지 복사한다. 셀 범위 A7:A22와 C7:C22를 선택하여 [데이터 표식 없이 곡선으로 연결된 분산형]의 그래프를 작성한다.

표와 그래프에서 답은 다음과 같다.

(1) $-2 < X < 2$

(2) 최댓값 : $x = \dfrac{1}{4}$ 일 때, $y = 8$

최솟값 : $x = 2$ 일 때, $y = -1$

4.2.4 대수눈금 그래프

지수함수나 대수함수와 같이 값이 급속히 증가하는 그래프에서는 눈금이 등간격인 경우는 매우 큰 그래프를 준비하여야만 한다. 이와 같을 때, 눈금에 대수를 사용하면 직선 그래프가 된다. Excel에서는 간단하게 대수눈금 그래프를 작성할 수 있다.

대수눈금은 [X(값) 축] 또는 [Y(값) 축] 서식설정 다이얼로그 상자 [눈금] 패널에 있는 [로그눈금 간격]을 체크하면 된다(그림 4.19).

지수함수 $y = a^x$ 그래프의 y축을 대수눈금으로 하면 그림 4.20(A)와 같다. 또한, 대수함수 $y = \log_a x$ 그래프의 x축을 대수눈금으로 하면 그림 4.20(B)와 같다.

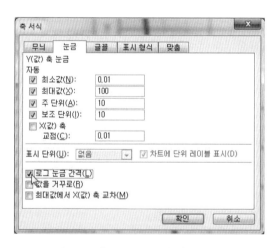

그림 4.19 [로그 눈금 간격] 체크상자

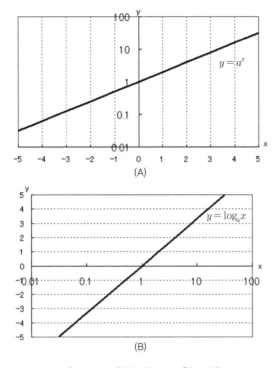

그림 4.20 대수눈금으로 한 그래프

제5장

수 열

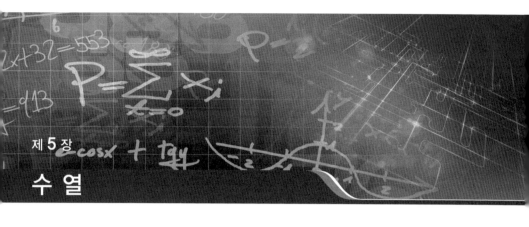

5.1 등차수열 · 등비수열

5.1.1 등차수열

▌수열이란?

수열이란 말만 들어도 그다지 기분이 내키지 않는 사람도 있을지도 모른다. 고교 수학에서 수열 분야에서 고전하여 그 후 수학공부에 영향을 받았다고 하는 견해도 있을 것 같다. 아무 것도 잘 모르는 상태에서 늘어선 숫자의 일반항이나 합을, 공식을 사용하여 구하려고 하면 보이지 않는 고통이 따른다.

기업 발표회는 어떠한가? 그래프가 많이 이용되고 있는 것이 인상적이다. 상대가 잘볼 수 있도록 전달하려는 노력을 하고 있다. 아쉽지만 일반적인 학교 수업에서는 이 점이 부족하다. 수열도 Excel의 그래프나 수표로 볼 수 있다. 볼 수 있으면 아는 것도 많아질 것이다.

▌수열과 일반항

수를 일렬로 늘어세운 것을 **수열**이라 한다. 그래서 수열의 각 수를 **항**이라 한다. 특히, 각 항 사이에 반드시 규칙성이 있어야 하는 것은 아니다. 예를 들면, 난수 등을 여기서 다루는 것은 의미가 없다. 일반적으로 수열은 규칙성이 있는 것이 보통이다. 우수라고 하면 2, 4, 6, 8, …, 기수라 하면, 1, 3, 5, 7, … 등이 수열이다. 그래서 수열의 제n항을 a_n으로 하여 n이 주어지면 일반적으로 계산할 수 있는 모양으로 표현한 식을 **일반항**이라 한다. 우수열의 일반항은 $2n$, 기수열의 일반항은 $2n-1$로 된다.

▌등차수열

2로 시작하여 차례차례로 3을 더하여 얻어지는 수열을 고려해보자. 이것은

$$2, \ 5, \ 8, \ 11, \ 14, \ 17, \ \cdots$$

등으로 수가 늘어서게 된다. 이 수열을 $\{a_n\}$이라 하면

$$a_1 = 2, \ a_2 = 5, \ a_3 = 8, \ a_4 = 11, \ a_5 = 14, \ a_6 = 17, \ \cdots$$

로 쓸 수 있다. 여기서, 각 항이 어떤 관계가 있는지 조사해보자.

$$a_2 = a_1 + 3$$
$$a_3 = a_2 + 3$$
$$a_4 = a_3 + 3$$
$$\vdots$$

여기서, 서로 이웃한 2항 a_n과 a_{n+1} 사이에는 다음 등식이 성립한다.

$$a_{n+1} = a_n + 3$$

일반적으로 수열 a_1, a_2, a_3, $\cdots$ a_n, $\cdots$에서 각 항에 일정의 수 d를 더하여 다음 항이 얻어질 때, 이 수열을 **등차수열**이라 하고, 처음의 수 a_1을 **첫째항**, 수 d를 **공차**라 한다.

▌등차수열의 일반항

첫째항 a, 공차 d인 등차수열 $\{a_n\}$은

$$a_1 = a$$
$$a_2 = a_1 + d = a + d$$
$$a_3 = a_2 + d = (a+d) + d = a + 2d$$
$$a_4 = a_3 + d = (a+2d) + d = a + 3d$$

로 되므로 일반적으로 첫째항 a, 공차 d인 등차수열의 일반항 a_n은 다음과 같다.

━━ **첫째항 a, 공차 d인 등차수열 일반항 a_n** ━━━━━━━━━━━━

$a_n = a + (n-1)d$

제3항이 5, 제12항이 59인 등차수열의 첫째항 a, 공차 d를 구하시오. 또한, 143은 이 수열의 제 몇 항인지 구하시오.

▶ 해 답

첫째항 a, 공차 d인 등차수열의 일반항을 a_n으로 하면 a_n은

$$a_n = a + (n-1)d$$

로 된다. 여기서, $a_3 = 5$, $a_{12} = 59$인 것에서

$$a_3 = a + 2d = 5 \tag{1}$$

$$a_{12} = a + 11d = 59 \tag{2}$$

가 성립한다. 이것을 연립방정식으로 구하면 (1), (2)에서

$$a + 11d = 59$$
$$-\underline{)\,a + 2d\ \ = 5}$$
$$9d = 54$$
$$d = 6$$

이 $d = 6$을 (1)에 대입하여

$$a + 12 = 5$$
$$a = -7$$

따라서, 해는 첫째항 $a = -7$, 공차 $d = 6$으로 된다. 이것에서 일반항은

$$a_n = -7 + (n-1) \cdot 6 = -7 + 6n - 6 = 6n - 13$$

으로 된다. 그러므로 제n항이 143이면

$$6n - 13 = 143$$
$$6n = 156$$
$$n = 26$$

으로 되고, 따라서 143일 때, 해는 제26항으로 된다.

▌Excel에서 등차수열을 만든다   ● Ref : [Math0501.xls]의 [등차수열] 시트

Excel을 사용하면 큰 수열도 간단하게 작성하여 수치를 확인할 수 있다. 첫째항 $a = -7$, 공차 $d = 6$, 일반항 a_n이 $6n - 13$으로 표현되는 수열을 워크시트에 만들어보자(그림 5.1).

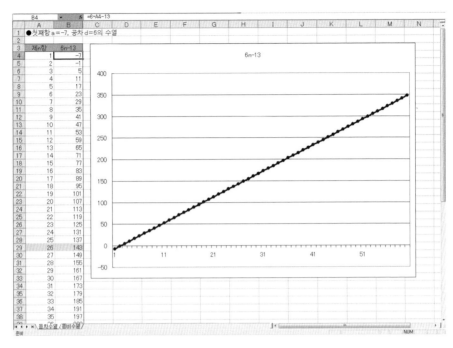

그림 5.1 [등차수열]의 워크시트

여기서는 A열에 항의 번호를, B열에 각 항의 값을 구한다. 셀 A4에 [1], 셀 B4에 일반항의 식 [=6*A4−13]을 입력한다. 셀 A4와 B4를 선택하고, 채우기 핸들을 목적하는 항목 수만큼 아래로 드래그하여, 작성된 연속 데이터 항목 번호와 일반항 수식을 동시에 복사한다(그림 5.2).

	A	B	C	D
1	●첫째항 a=−7, 공차 d=6의 수열			
2				
3	제n항	6n−13		
4	1	−7		
5				
6				
7				
8				

그림 5.2 드래그에 의한 복사

표를 보면 143은 제26항에 있는 것을 알 수 있다. 또한, 이 표에서 꺾은선 그래프를 그리면 직선으로 되는 것도 알 수 있다.

5.1.2 등비수열

▌금리를 어떻게 생각하는가?

등비수열은 복리법 등 금리계산에 사용되어 좋든 싫든 간에 돈에 관련되는 이상 대부분의 사람들이 연관되어 있다. 고등학교 때 금리계산을 강도 높게 배운 사람은 그렇게 많지 않을 것으로 생각하지만 생활과 관계되는 등비수열을 보다 잘 이해하고 싶을 것이다. 시험공부만 너무 치중하여 배움의 활용을 등한시하는 것 같다. 학문은 현실에서도 적용되는 것이다.

▌등비수열

3으로 시작하여 차례차례로 2를 곱하여 얻어지는 수열을 고려해보자. 이것은

$$3, \ 6, \ 12, \ 24, \ 48, \ 96, \ \cdots$$

등으로 수가 늘어서게 된다. 이 수열을 $\{a_n\}$이라 하면

$$a_1 = 3, a_2 = 6, a_3 = 12, a_4 = 24, a_5 = 48, a_6 = 96, \ \cdots$$

로 쓸 수 있다. 여기서, 각 항이 어떤 관계가 있는지 조사해보자.

$$a_2 = a_1 \times 2$$
$$a_3 = a_2 \times 2$$
$$a_4 = a_3 \times 2$$
$$\vdots$$

이것에서 서로 이웃한 2항 a_n과 a_{n+1}의 사이에는 등식

$$a_{n+1} = a_n \times 2 = 2a_n$$

이 성립한다.

일반적으로 수열 a_1, a_2, a_3, … a_n, …에서 각 항에 일정의 수 r를 곱하여 다음 항이 얻어질 때, 이 수열을 **등비수열**이라 하고, 처음의 수 a_1을 **첫째항**, 수 r을 등비수열의 **공비**라 한다.

▌등비수열의 일반항

첫째항 a, 공비 r의 등비수열 $\{a_n\}$은

$$a_1 = a$$

$$a_2 = a_1 \cdot r = ar$$

$$a_3 = a_2 \cdot r = ar \cdot r = ar^2$$

$$a_4 = a_3 \cdot r = ar^2 \cdot r = ar^3$$

로 되므로 일반적으로 첫째항 a, 공비 r인 등비수열의 일반항 a_n은 다음과 같다.

■■■ **첫째항 a, 공비 r인 등비수열 일반항 a_n** ■■■

$$a_n = ar^{n-1}$$

예 제 5-2	제3항이 12, 제7항이 192인 등비수열의 첫째항 a, 공비 r을 구하시오. 또한, 이 수열의 제8항을 구하시오.

▷ 해 답

첫째항 a, 공비 r인 등비수열의 일반항을 a_n으로 하면 a_n은

$$a_n = ar^{n-1}$$

로 된다. 여기서, $a_3 = 12$, $a_7 = 192$인 것에서 다음 식이 성립한다.

$$a_3 = ar^{3-1} = ar^2 = 12 \tag{1}$$

$$a_{12} = ar^{7-1} = ar^6 = 192 \tag{2}$$

여기서, $a \neq 0$, $r \neq 0$이어야 하므로 (2)를 (1)로 나누면,

$$r^4 = 16$$

그러므로 $r = \pm\,2$로 된다.

$r = 2$일 때, (1)에 대입하면 $a = 3$으로 되고 또한,

$$a_8 = 3 \cdot 2^7 = 3 \cdot 128 = 384$$

로 된다.

$r = -2$일 때, (1)에 대입하면 $a = 3$으로 되고 또한,

$$a_8 = 3 \cdot (-2)^7 = 3 \cdot (-128) = -384$$

로 된다.

그러므로 해는 다음 2개로 된다.

첫째항은 3, 공비는 2, 제8항은 384

또는,

첫째항은 3, 공비는 −2, 제8항은 −384

▌Excel에서 등비수열을 만든다 ● Ref : [Math0501.xls]의 [등비수열] 시트

첫째항 $a=3$, 공비 r이 2 또는 −2, 일반항 a_n이 $3 \cdot 2^{n-1}$ 또는 $3 \cdot (-2)^{n-1}$로 표현되는 등비수열을 워크시트에 만들어보자(그림 5.3).

여기서는 A열에 항의 번호를, B열과 C열에 각 항의 값을 구한다. 셀 A5에 [1], 셀 B5에 공비가 2일 때의 일반항 식 [=3*2^(A5−1)], 셀 C5에 공비가 −2일 때의 일반항 식 [=3*(−2^(A5−1))]을 입력한다. 셀 범위 A5:C5를 선택하고, 채우기 핸들을 목적하는 항목 수만큼 아래로 드래그하여, 작성된 연속 데이터 항목 번호와 일반항 수식을 동시에 복사한다.

표를 보면 제8항은 384 또는 −384로 되어 있는 것을 알 수 있다. 또한, 이 표에서 꺾은선 그래프를 그리면 공비가 2일 때는 지수함수 그래프로, 공비가

−2일 때는 이 그래프의 우수(짝수)항을 음수로 하는 그래프가 되는 것을 알 수 있다.

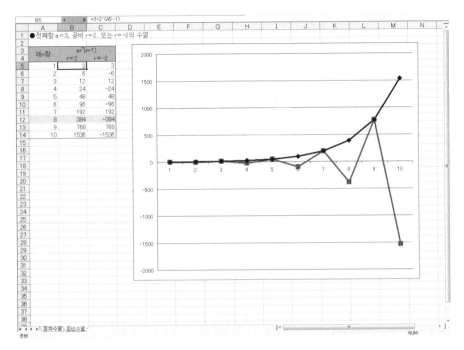

그림 5.3 [등비수열]의 워크시트

5.2 등차수열의 합 · 등비수열의 합

5.2.1 등차수열의 합

▌산수를 기억하는가?

중학교 입시문제인 산수를 보면 고교수준 문제로 느낄 때가 있다. 등차수열의 합은 시작과 끝을 더하여 그것에 개수를 곱하여 2로 나누는 것이 기본원리이다. 다른 예를 들면 사다리꼴 면적을 구하는 방법 [(윗면 +밑면)×높이÷2]와 같다. 만약, 수열을 공부하기 위하여 적목(Gabe : 블록쌓기)이 있으면, 초등학교에서 적목으로 수열을 공부하였을 지도 모른다. 그렇지만 지금은 컴퓨터가 있다. 이 등차수열 합의 기본은 산수이다. 미혹한 점은 Excel에서 작업하여 확인하시오.

▌등차수열의 합을 구한다

첫째항을 1, 공차를 1로 하는 등차수열을 제10항까지 고려한다. 이 등차수열은 잘 알다시피

$$1, \ 2, \ 3, \ 4, \ 5, \ 6, \ 7, \ 8, \ 9, \ 10$$

으로 된다. 대부분의 사람들이 이 합을 55로 기억할 것이다. 그렇지만 도대체 어떻게 55로 되는지 그 이유를 기억하고 있는가?

1에서 10까지의 합을 S_{10} 으로 한다. 그러면

$$S_{10} = 1+2+3+4+5+6+7+8+9+10 \tag{1}$$

으로 계산한다. 이 식을 반대로 나열하면 다음 식과 같다.

$$S_{10} = 10+9+8+7+6+5+4+3+2+1 \tag{2}$$

이미 깨달았겠지만 (1)과 (2) 항을 상하로 더하면 모든 항이 11이 된다. 그러므로 (1)+(2)는

$$2S_{10} = 11+11+11+11+11+11+11+11+11+11$$

$$2S_{10} = 11 \times 10$$

로 된다. 구하고 싶은 것은 S_{10}이고, 2배인 $2S_{10}$은 아니므로 마지막으로 양변을 2로 나눈다. 따라서, 1에서 10까지 더한 S_{10}의 값은 다음과 같다.

$$S_{10} = 11 \times 5 = 55$$

이것을 확대하여 일반화하면 다음과 같다.

첫째항 a, 공차 d, 항수 n인 등차수열의 첫째항에서 제n항까지의 합을 S_n으로 한다. 여기서, 제n항은 끝항이므로 l로 표현한다. 이 끝항이 $l = a + (n-1)d$이면 일반항 a_n과 같은 식이 된다. 그러므로 첫째항에서 끝항까지 합 S_n은 다음과 같다.

$$S_n = a_1 + a_2 + a_3 + \cdots + a_{n-1} + a_n$$
$$= a + (a+d) + (a+2d) + \cdots + \{a+(n-2)d\} + \{a+(n-1)d\} \qquad (3)$$
$$= a + (a+d) + (a+2d) + \cdots + (l-d) + l$$

다음으로 조금 전과 같이 이 우변 항의 순서를 역으로 표현한다.

$$S_n = l + (l-d) + (l-2d) + \cdots + (a+d) + a \qquad (4)$$

(3)과 (4)를 각 항마다에 더하면, 모든 항이 $a+l$로 된다. 그러므로

$$2S_n = (a+l) + (a+l) + (a+l) + \cdots + (a+l) + (a+l)$$

로 되고, $a+l$의 개수는 n개이다. 이상에서 구하고 싶은 S_n은

$$2S_n = (a+l) \times n$$

$$S_n = \frac{1}{2} \cdot n(a+l)$$

로 된다.

또한, 이 공식의 끝항 l에 $l = a+(n-1)d$를 대입하면 다음과 같다.

$$S_n = \frac{1}{2} \cdot n(a+l) = \frac{1}{2} \cdot n\{a+a+(n-1)d\} = \frac{1}{2} \cdot n\{2a+(n-1)d\}$$

▌등차수열 합의 공식

━━ 첫째항 a, 끝항 l, 항수 n인 등차수열의 첫째항에서 제n항까지의 합 S_n ━━

$$S_n = \frac{1}{2} \cdot n(a+l)$$

━━ 첫째항 a, 공차 d, 항수 n인 등차수열의 첫째항에서 제n항까지의 합 S_n ━━

$$S_n = \frac{1}{2} \cdot n\{2a+(n-1)d\}$$

예 제 5-3	다음 등차수열의 합을 구하시오. (1) 첫째항 3, 끝항 21, 항수 15인 등차수열의 합 (2) 등차수열 1, 3, 5, 7, …의 첫째항에서 제n항까지의 합

해 답

(1) $a=3$, $l=21$, $n=15$를 $S_n = \dfrac{1}{2} \cdot n(a+l)$에 대입하여 구한다.

$$S_{15} = \frac{1}{2} \cdot 15(3+21) = \frac{15}{2} \times 24 = 15 \times 12 = 180$$

(2) 첫째항 1, 공차 2, 항수 n인 등차수열의 합이므로 $a=1$, $d=2$를

$$S_n = \frac{1}{2} \cdot n\{2a + (n-1)d\}$$

에 대입하여 구한다.

$$S_n = \frac{1}{2} \cdot n\{2 \times 1 + (n-1) \times 2\} = \frac{1}{2} \cdot n\{2 + 2n - 2\} = n^2$$

예 제 5-4	첫째항 50, 공차 −6인 등차수열의 첫째항에서 제 몇 항까지 합이 최대가 되는가? 또한, 그때의 합도 구하시오.

해 답

이 등차수열의 일반항 a_n은

$$a_n = 50 + (n-1) \cdot (-6) = 50 - 6n + 6 = -6n + 56$$

로 된다. 이 우변의 식에서 $a_n < 0$로 되는 것은

$$-6n + 56 < 0$$

$$n > \frac{56}{6} = 9.3 \cdots$$

로, 즉 $n \geq 10$일 때, $a_n < 0$로 된다.

그러므로 제9항까지 합이 최대이고, 그때 합 S는 $a = 50$, $d = -6$이므로 다음과 같다.

$$S_n = \frac{1}{2} \cdot n\{2a + (n-1)d\} = \frac{1}{2} \cdot 9\{2 \times 50 + (9-1) \times (-6)\}$$

$$= \frac{9}{2}\{100 - 48\} = \frac{9}{2} \cdot 52 = 9 \times 26 = 234$$

▎Excel에 의한 해법 ● Ref : [Math0502.xls]의 [예제 5-4] 시트

그림 5.4와 같은 워크시트를 작성한다.

여기서는 A열에 항의 번호를, B열에 각 항의 값을, C열에 그 항까지의 합을 구한다. 셀 A5에 [1], 셀 B5에 일반항 식 [=50+(A5−1)*(−6)]을, 셀 C4에 [=B5]를 입력한다. 셀 범위 A5:B5를 선택하고, 여기서는 제24행까지 채우기 핸들을 드래그한다. 그 다음으로 셀 C6에 [=C5+B6]를 입력하고, 이전과 같이 제24행까지 복사한다. 작성한 데이터로 꺾은선 그래프를 만들어본다.

표와 그래프에서 제9항까지 합이 최대이고, 234로 되는 것을 알 수 있다.

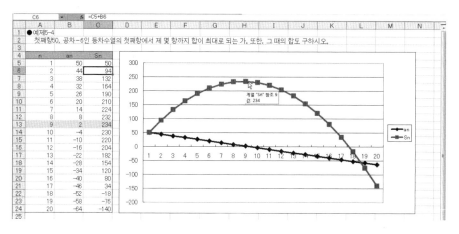

그림 5.4 [예제 5-4]의 워크시트

5.2.2 등비수열의 합

┃ 좀 더 깊이 생각해보자

등비수열의 합을 구하려면 좀 더 깊이 생각할 필요가 있다. 이번에는 등차
수열과 달리 조금 어려울지도 모르지만 스스로 계산할 수 있는 형태로 변형하
는 것은 이전과 같다.

┃ 등비수열의 합을 구한다

지금 첫째항을 1, 공비를 3으로 하는 등비수열을 제5항까지 고려한다. 이
등비수열은

$$1, \ 3, \ 9, \ 27, \ 81$$

로 된다. 이 합을 S_5로 한다. 그러면

$$S_5 = 1+3+9+27+81 \tag{1}$$

로 계산된다. 그런데 이 (1)의 양변에 공비인 3을 곱하면

$$3S_5 = 3+9+27+81+243 \tag{2}$$

로 된다. 우변의 항은 (1)과 (2)에서 몇 개가 같은 숫자가 나열되어 있다. 그래서 (1)−(2)의 계산을 하면 다음과 같다.

$$
\begin{aligned}
S_5 &= 1+3+9+27+81 \\
-)\,3S_5 &= \quad\;\; 3+9+27+81+243 \\
\hline
-2S_5 &= 1-243 \\
-2S_5 &= -242
\end{aligned}
$$

로 된다. 구하고 싶은 것은 S_5이고 −2배의 $-2S_5$는 아니므로 마지막으로 양변을 −2로 나눈다. 따라서, S_5의 값은 다음과 같다.

$$S_5 = 121$$

이를 확대하여 일반화하면 다음과 같다.

첫째항 a, 공비 r인 등비수열의 첫째항에서 제n항까지 합을 S_n으로 하면, S_n은

$$S_n = a_1 + a_2 + a_3 + \cdots + a_{n-1} + a_n$$

$$= a + ar + ar^2 + \cdots + ar^{n-2} + ar^{n-1} \tag{3}$$

로 된다. 조금 전과 마찬가지로 이 (3)의 양변에 공비인 r을 곱하면

$$rS_n = ar + ar^2 + ar^3 + \cdots + ar^{n-1} + ar^n \tag{4}$$

로 되고 여기서, (3)−(4)를 계산하면 다음과 같다.

$$S_n = a + ar + ar^2 + \cdots + ar^{n-2} + ar^{n-1}$$

$$-) \quad rS_n = \quad\quad ar + ar^2 + ar^3 + \cdots + ar^{n-1} + ar^n$$

$$(1-r)S_n = a - ar^n$$

$$= a(1 - r^n)$$

이때, $r \neq 1$일 때

$$S_n = \frac{a(1 - r^n)}{1 - r}$$

로 된다.

또한, $r = 1$일 때,

$$S = a + a + a + \cdots + a + a$$

로 되고, S_n은 n개 a의 합이므로

$$S_n = na$$

로 된다.

▌등비수열 합의 공식

━━━ **첫째항 a, 공비 r, 항수 n인 등비수열의 첫째항에서 제n항까지의 합 S_n** ━━━

$r \neq 1$일 때

$$S_n = \frac{a(1 - r^n)}{1 - r} = \frac{a(r^n - 1)}{r - 1}$$

$r = 1$일 때,

$$S_n = na$$

예 제 5-5	다음 등비수열의 합을 구하시오. (1) 첫째항 7, 공비 2, 항수 8인 등비수열의 합 (2) 등비수열 27, -9, 3, -1, …의 첫째항에서 제n항까지 합

◈ 해 답

(1) $a=7$, $r=2$, $n=8$를

$$S_n = \frac{a(r^n - 1)}{r - 1}$$

에 대입하여 구한다.

$$S_8 = \frac{7(2^8-1)}{2-1} = 7(256-1) = 7 \times 255 = 1785$$

(2) 첫째항 27, 공비 $-\dfrac{1}{3}$, 항수 n인 등비수열의 합이므로 $a = 27$, $r = -\dfrac{1}{3}$를

$$S_n = \frac{a(1-r^n)}{1-r}$$

에 대입하여 구한다.

$$S_n = \frac{27\left\{1-\left(-\dfrac{1}{3}\right)^n\right\}}{1-\left(-\dfrac{1}{3}\right)} = \frac{27\left\{1-\left(-\dfrac{1}{3}\right)^n\right\}}{\dfrac{4}{3}} = \frac{81}{4}\left\{1-\left(-\dfrac{1}{3}\right)^n\right\}$$

예제 5-6	첫째항 $\dfrac{1}{2}$, 공비 2인 등비수열의 첫째항에서 합이 처음으로 1,000을 넘는 것은 제 몇 항까지 합인지 구하시오.

▶ 해 답

이 등비수열의 첫째항에서 제n항까지 합 S_n은 $a = \dfrac{1}{2}$, $r = 2$에서

$$S_n = \frac{1}{2} \cdot \frac{(2^n-1)}{2-1} = \frac{2^n-1}{2}$$

이 값이 1,000을 넘어야 하므로

$$\frac{2^n - 1}{2} > 1,000$$

이는 다음과 같다.

$$2^n - 1 > 2,000$$

$$2^n > 2,001$$

한편, $2^{10} = 1,024$, $2^{11} = 2,048$ 에서 n은 자연수이므로 $n \geq 11$로 된다. 그러므로 첫째항에서 합이 처음으로 1,000을 넘는 것은 제11항까지 합으로 된다.

▌Excel에 의한 해법 ● Ref : [Math0502.xls]의 [예제 5-6] 시트

그림 5.5와 같은 워크시트를 작성한다.

여기서는 A열에 항의 번호를, B열에 각 항의 값을, C열에 그 항까지 합을 구한다. 셀 A5에 [1], 셀 B5에 일반항 식 [=1/2*2^(A5−1)]을, 셀 C5에 [=B5]를 입력한다. 셀 범위 A5:B5를 선택하고, 여기서는 제19행까지 채우기 핸들을 드래그한다. 그 다음으로 셀 C6에 [=C5+B6]를 입력하고, 이전과 같이 제19행까지 복사한다. 작성한 데이터로 꺾은선 그래프를 만들어본다.

표와 그래프에서 첫째항에서 합이 처음으로 1,000을 넘는 것은 제11항까지 합인 것을 알 수 있다.

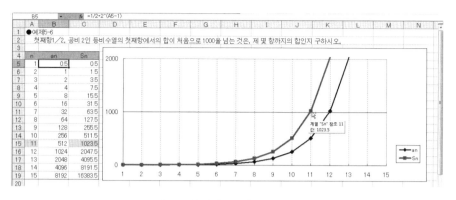

그림 5.5 [예제 5-6]의 워크시트

5.3 여러 가지 수열

5.3.1 계차수열

▌Σ를 사용하면

Σ가 붙은 수식을 보면 거부 반응을 일으키는 사람도 있겠지만 어려운 것은 아니다. 합계·총수를 영어에서는 Sum이고, 이 앞글자인 S를 그리스 문자 Σ로 표현한 것에 지나지 않는다. 즉, Σ는 합계라는 의미이다.

제n항까지 수열의 합은 S_n이라고 쓰고, 수열 $\{a_n\}$의 첫째항 a_1에서 제n항 a_n까지 합을

$$S_n = a_1 + a_2 + a_3 + \cdots + a_n \tag{1}$$

로 표현한다. 이 (1)의 우변을 하나하나 이와 같이 쓰는 것은 복잡하다. 그래서 Σ를 사용하여 수열의 어떤 범위의 합계를 표현한다.

지금, 구하고 싶은 것은 a_1, a_2, a_3, $\cdots$, a_n의 합, 즉 a_1에서 a_n까지 n개의 덧셈이다. a_n이라는 일반항 n에 구체적인 숫자를 대입하여 1에서 n까지 더한 것을 명확히 할 필요가 있다. 그래서 Σ 문자 아래에 시작을, 위에 끝을 보이게 한다. 1에서 n까지 합한 경우는 Σ의 아래에 (일반적으로) $k=1$, 위에 n이라고 쓴다. 이 법칙으로 (1)을 다시 쓰면 다음과 같다.

$$\sum_{k=1}^{n} a_k = a_1 + a_2 + a_3 + \cdots + a_n$$

등차수열의 합, 등비수열의 합을 모두 Σ를 사용한 수열 합의 공식은 다음과 같다.

━━ 수열 합의 공식 ━━━━━━━

$$\sum_{k=1}^{n} c = c + c + c + \cdots + c = nc$$

특히, $\displaystyle\sum_{k=1}^{n} 1 = 1 + 1 + 1 + \cdots + 1 = n$

$$\sum_{k=1}^{n} k^2 = 1^2 + 2^2 + 3^2 + \cdots + n^2 = \frac{1}{6} n(n+1)(2n+1)$$

$$\sum_{k=1}^{n} k^3 = 1^3 + 2^3 + 3^3 + \cdots + n^3 = \left\{ \frac{1}{2} n(n+1) \right\}^2$$

$$\sum_{k=1}^{n} r^{k-1} = 1 + r + r^2 + \cdots + r^{n-1} = \frac{r^n - 1}{r - 1} = \frac{1 - r^n}{1 - r} \qquad (r \neq 1)$$

예 제 5-7	제k항이 $2k+1$인 수열의 제n항까지 합을 구하시오.

$$\sum_{k=1}^{n} a_k = \sum_{k=1}^{n} (2k+1) = 2\sum_{k=1}^{n} k + \sum_{k=1}^{n} 1$$

$$= 2 \cdot \frac{n(n+1)}{2} + n = n^2 + n + n = n(n+2)$$

▌하이브리드 수열

등차수열은 첫째항 a와 일정한 값인 공차 d로 구성되어 있다. 만약, 이 공차 d가 공차가 아닌, 즉 n에 따라 변화해가는 등차수열이나 등비수열이면 일반항은 어떻게 되고, 합의 식은 어떠한 형태가 될까? 등비수열의 형태 속에서 등차수열, 등차수열의 형태 속에서 등비수열 등이 들어 있는 혼합형으로 숫자가 나열된 수열을 이른바 **계차수열**이라 한다.

다음과 같은 수열을 고려해본다.

$$1, \; 2, \; 4, \; 7, \; 11, \; 16, \; \cdots$$

이 수열 각 항 사이의 차를 b_n로 표현한다. 그러면

$$b_1 = a_2 - a_1 = 2 - 1 = 1$$

$$b_2 = a_3 - a_2 = 4 - 2 = 2$$

$$b_3 = a_4 - a_3 = 7 - 4 = 3$$

$$b_4 = a_5 - a_4 = 11 - 7 = 4$$

$$b_5 = a_6 - a_5 = 16 - 11 = 5$$

$$\vdots$$

와 같이 되고, b_n은 1, 2, 3, 4, 5, …와 같은 수열이 된다. 이 수열은 첫째항 1, 공차 1인 등차수열이다. 이때, 수열 $\{b_n\}$을 수열 $\{a_n\}$의 계차수열이라 한 다. 그런데 계차수열을 계산한 좌측을 다시 한 번 살펴보자.

$$b_1 = a_2 - a_1$$
$$b_2 = a_3 - a_2$$
$$b_3 = a_4 - a_3$$
$$b_4 = a_5 - a_4$$
$$b_5 = a_6 - a_5$$
$$\vdots$$
$$b_{n-1} = a_n - a_{n-1}$$

계차수열은 바탕이 되는 수열 $\{a_n\}$이 2항 이상일 때 가능하므로 $n \geq 2$로 서 개개의 식 양변을 각각 더한다. 그러면

$$b_1 + b_2 + b_3 + \cdots + b_{n-1} = a_n - a_1$$
$$a_n = a_1 + b_1 + b_2 + b_3 + \cdots + b_{n-1}$$

우변은 Σ 기호를 사용하여 정리할 수 있다.

$$a_n = a_1 + \sum_{k=1}^{n-1} b_k$$

이때, 계산에서 b_k의 항수가 $n-1$개인 것에 주의하여야 한다. 계차수열은 바탕수열 $\{a_n\}$이 2항 이상일 때 가능한 것으로 2개일 때 1개, 3개일 때 2개, 4개일 때 3개, $\cdots$, n개일 때 $n-1$개의 계차수열이 가능하다. 그러므로 $\sum$의 위는 $n-1$이고, n으로는 되지 않는다.

▬▬ 계차수열과 일반항

수열 $\{a_n\}$의 계차수열을 $\{b_n\}$으로 하면, $n \geq 2$일 때,

$$a_n = a_1 + \sum_{k=1}^{n-1} b_k$$

단, $b_n = a_{n+1} - a_n \quad (n = 1, 2, 3, \cdots)$

예 제 5-8	다음 수열의 일반항 a_n을 구하시오. 3, 4, 6, 10, 18, 34, $\cdots$

▶ **해 답** • Ref : [Math0503.xls]의 [예제 5-8] 시트

Excel의 워크시트를 사용하면서 고려해본다(그림 5.6).

	A	B	C	D	E	F	G	H
1	●예제5-8							
2	다음 수열의 일반항 an을 구하시오.							
3	3, 4, 6, 10, 18, 34, ⋯							
4								
5	an	각 항의 차		n	bn	각 항에 bn을 더함		an
6		(bn)			1*2^(n-1)	(an)		2^(n-1)+2
7	3			1		3		3
8	4	1		2	1	4		4
9	6	2		3	2	6		6
10	10	4		4	4	10		10
11	18	8		5	8	18		18
12	34	16		6	16	34		34
13				7	32	66		66
14				8	64	130		130
15				9	128	258		258
16				10	256	514		514
17				11	512	1026		1026
18				12	1024	2050		2050
19				13	2048	4098		4098
20				14	4096	8194		8194
21				15	8192	16386		16386
22								

그림 5.6 [예제 5-8]의 워크시트

먼저, 수열 $\{a_n\}$의 계차수열 $\{b_n\}$을 고려한다. 셀 범위 A7:A12에 주어진 수열 $\{3, 4, 6, 10, 18, 34\}$를 입력한다. 이 수열 각 항 사이의 차를 계산하기 위하여 셀 B8에 [=A8−A7]를 입력하여 셀 A12까지 복사한다. 셀 범위 B8:B12를 살펴보면, 수열 $\{a_n\}$의 계차수열 $\{b_n\}$은

$$\text{계차수열 } \{b_n\} \quad 1, \ 2, \ 4, \ 8, \ 16, \ \cdots$$

이라는 첫째항 1, 공비 2인 등비수열인 것을 알 수 있다. 이 일반항은

$$b_n = 2^{n-1}$$

이다. 이것을 사용하여 $\{b_n\}$ 각 항을 워크시트 E열에 계산해본다. 셀 D1에서 아래로 향하여 항의 번호로 되는 연속 데이터를 작성한다. 셀 E8에 [=1*2^(D7−1)]을 입력하고, 이것을 아래로 복사하여 $\{b_n\}$ 각 항의 값을 구한다.

다음으로 첫째항을 3으로 하고, 순서대로 $\{b_n\}$을 더한 수열이 $\{a_n\}$으로 되는 것을 확인한다. 셀 F7에 [3], 셀 F8에 [=F7+E8]을 입력하고, 이것을 아래로 복사한다. F열에 구한 수열은 A열에 입력한 수열과 같다. 이것에서 $\{b_n\}$은 $\{a_n\}$의 계차수열인 것을 확인할 수 있다.

결국, 계차수열 $\{b_n\}$ 일반항이 $b_n = 2^{n-1}$이므로 수열 $\{a_n\}$ 일반항은 $n \geq 2$일 때, 다음과 같다.

$$a_n = a_1 + \sum_{k=1}^{n-1} b_k$$

$$= 3 + \sum_{k=1}^{n-1} 2^{k-1} = 3 + \frac{2^{n-1}-1}{2-1} = 2^{n-1} + 2$$

단, 이것은 $n \geq 2$일 때 성립하는 것이므로 $n = 1$에서 성립하는지 확인해 본다.

$$a_1 = 2^{1-1} + 2 = 2^0 + 2 = 3$$

따라서, 이 식은 $n = 1$일 때도 성립한다.

그러므로 해는 $a_n = 2^{n-1} + 2$로 된다.

워크시트에서 확인해보자. 셀 H7에 [=2^(D7-1)+2]를 입력하고, 아래로 복사한다. F열에서 구한 수열과 같은 수열로 되고, 일반항이 $a_n = 2^{n-1} + 2$인 것을 확인할 수 있다.

5.3.2 점화식

▌길 안내

길 안내를 말로서 설명하는 것은 의외로 어려운 것이다. 이 길을 똑바로 가서 2번째 신호기에서 왼쪽으로 돌아서, 다음 교차점에서 오른쪽으로 돌아서…. 하나하나 단계를 설명하고, 이것이 끝나면 다음은 이러하고, 또 이것이 끝나면 다음은 이러하다는 종점까지의 연속처리이다.

수열에서 점화식을 깨닫게 된다면 이러한 길 안내보다 간단할지도 모른다.

왜냐하면 일반적으로 점화식은 같은 것의 반복이기 때문이다. 우선, 인접한 2항 사이의 점화식에 대하여 고려해보자.

| 예 제 5−9 | 다음 조건에서 정해지는 수열 $\{a_n\}$의 일반항을 구하시오. $a_1 = 1,\ a_{n+1} = 2a_n + 3 \quad (n = 1, 2, 3, \cdots)$ |

▶ 해 답

$n \geq 2$일 때, 다음과 같이 (1)과 (2)를 만든다.

$$a_{n+1} = 2a_n + 3 \tag{1}$$

$$a_{n+2} = 2a_{n+1} + 3 \tag{2}$$

여기서, (2)−(1)의 계산을 한다.

$$a_{n+2} - a_{n+1} = 2(a_{n+1} - a_n)$$

이것에서 수열 $\{a_n\}$의 계차수열을 $\{b_n\}$로 두면

$$b_{n+1} = 2b_n$$

$$b_1 = a_2 - a_1 = (2a_1 + 3) - a_1 = 5 - 1 = 4$$

따라서, 계차수열 $\{b_n\}$은 첫째항 4, 공비 2인 등비수열인 것을 알 수 있다. 결국,

$$b_n = 4 \cdot 2^{n-1}$$

그러므로 $n \geq 2$일 때, 수열 $\{a_n\}$의 일반항은 다음과 같다.

$$a_n = a_1 + \sum_{k=1}^{n-1} b_k = 1 + \frac{4(2^{n-1} - 1)}{2 - 1} = 2^{n+1} - 3$$

단, 이것은 $n \geq 2$일 때 성립하는 것이므로 $n = 1$에서 성립하는지 확인해 본다.

$$a_1 = 2^{1+1} - 3 = 4 - 3 = 1$$

따라서, 이 식은 $n = 1$일 때도 성립한다.

그러므로 해는 $a_n = 2^{n+1} - 3$ 으로 된다.

Excel에서 수열 $\{a_n\}$의 각 항에 계차수열 $\{b_n\}$의 각 항을 더한 수열이 일반항 $a_n = 2^{n+1} - 3$ 으로 표현되는 수열과 동일한지 확인해본다.

	C6	▼	f_x =2^(A6+1)-3				
	A	B	C	D	E	F	G
1	●예제5-9						
2	다음 조건에서 정해지는 수열 [an]의 일반항을 구하시오。						
3	a₁=1, a_{n+1}=2a_n+3 (n=1, 2, 3, …)						
4							
5	n	an	2^(n+1)-3				
6	1	1	1				
7	2	5	5				
8	3	13	13				
9	4	29	29				
10	5	61	61				
11	6	125	125				
12	7	253	253				
13	8	509	509				
14	9	1021	1021				
15	10	2045	2045				
16	11	4093	4093				
17	12	8189	8189				
18	13	16381	16381				
19	14	32765	32765				
20	15	65533	65533				
21	16	131069	131069				
22	17	262141	262141				
23	18	524285	524285				
24	19	1048573	1048573				
25	20	2097149	2097149				

그림 5.7 [예제 5-9]의 워크시트　●Ref : [Math0503.xls]의 [예제 5-9] 시트

예 제 5-10	다음 조건에서 정해지는 수열의 첫째항에서 제5항까지 구하시오. $a_1 = 0,\ a_2 = 1,\ 2a_{n+2} - 2a_{n+1} - a_n = 0\ (n = 1, 2, 3, \cdots)$

⟫ 해 답

이것은 3항 사이의 점화식 문제이다.

$$a_{n+2} = \frac{2a_{n+1} + a_n}{2}$$

에서, 다음과 같이 된다.

$$a_1 = 0$$

$$a_2 = 1$$

$$a_3 = \frac{2a_2 + a_1}{2} = \frac{2+0}{2} = 1$$

$$a_4 = \frac{2a_3 + a_2}{2} = \frac{2+1}{2} = \frac{3}{2}$$

$$a_5 = \frac{2a_4 + a_3}{2} = \frac{3+1}{2} = 2$$

Excel에서 확인해본다(그림 5.8). 셀 A6에서 아래로 $n\,(1, 2, 3, \cdots)$을 입력한다. 셀 B6에 [0]을, 셀 B7에 [1]을 입력한다. 셀 B8에 [=(2*B7+B6)/2]를 입력하고, 아랫방향으로 복사하여 수열을 작성한다. 이 수열의 첫째항에서 제5항까지는 {0, 1, 1, 1.5, 2}로 되는 것을 확인할 수 있다.

	B8	▼	fx =(2*B7+B6)/2			
	A	B	C	D	E	F
1	●예제5-10					
2	다음 조건에서 정해지는 수열의, 첫째항에서 제5항까지 구하시오。					
3	a_1=0, a_2=1, $2a_{n+2}-2a_{n+1}-a_n$=0 (n=1, 2, 3, ···)					
4						
5	n	an				
6	1	0				
7	2	1				
8	3	1				
9	4	1.5				
10	5	2				
11	6	2.75				
12	7	3.75				
13	8	5.125				
14	9	7				
15	10	9.5625				
16						

그림 5.8 [예제 5-10]의 워크시트　• Ref : [Math0503.xls]의 [예제 5-10] 시트

▌피보나치(Fibonacci) 수열

3항 사이의 점화식에서는 다음과 같은 것이 있다.

$$a_1 = 1, \ a_2 = 1, \ a_{n+2} = a_{n+1} + a_n \quad (n = 1, 2, 3, \cdots)$$

이것은 유명한 피보나치 수열이라고 부르는 점화식이다. 처음 2개의 1, 1을 제외하고 앞의 2개 숫자를 더하여 다음을 만든다. 이 작업을 계속하는 것이 피보나치 수열이다. 구체적으로는 다음과 같이 수를 나열하는 것이다.

$$a_1 = 1$$
$$a_2 = 1$$
$$a_3 = a_2 + a_1 = 1 + 1 = 2$$
$$a_4 = a_3 + a_2 = 2 + 1 = 3$$
$$a_5 = a_4 + a_3 = 3 + 2 = 5$$
$$\vdots$$

이것에서 1, 1, 2, 3, 5, 8, 13, 21, …로 된다.

이 n항과 $n+1$항의 비를 만들어 그것을 $n \to \infty$로 극한까지 만들면 황금비가 된다. 실제, Excel에서 100항까지 피보나치 수열값을 구하면 제100항/제99항의 값은 1.618033989…로 된다. 이것은 황금비라고 부르는 값 $\dfrac{1 + \sqrt{5}}{2}$ (1.618033989…)과 같은 값이 된다(그림 5.9).

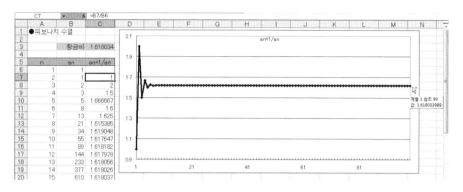

그림 5.9 [피보나치 수열]의 워크시트

　종횡의 길이 비를 황금비로 하면 보기에 부자연스러움을 느끼지 않고, 싫증 나지 않는다고 한다. 일상생활에서 엽서의 종과 횡의 비가 이 황금비로 만들어지고 있다. 또한, 자연계에서 피보나치 수열이나 황금비가 식물 세계의 나뭇잎이 붙는 방법, 화학 세계에서 물질의 결정구조 등에서 나타나고 있다. 신기한 것이다.

벡터와 복소수

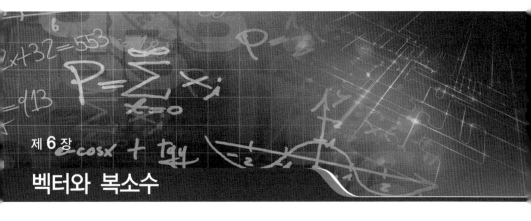

제6장

벡터와 복소수

6.1 도형 벡터·공간 벡터

6.1.1 벡터 크기와 2점 간 거리

▌ 체온계에서 측정되는 것은?

체온계에서 측정되는 것은 온도, 기압계에서 측정되는 것은 기압, 전류계에서 측정되는 것은 전류이다. 생각해보면 이들에서는 방향이 특정되지 않는다. 이와 같이 크기만의 양을 스칼라(scalar)라고 한다. 한편, 풍향풍속계에서 측정되는 것은 남서풍 15m/초와 같이 풍향과 빠르기를 나타내고 있다. 무거운 짐을 두 사람이 운반할 때는 어떠한가. 단지 들어올린다는 중량에 관한 것뿐만 아니라 어디로 운반할까라는 운반 방향에 관한 두 사람의 의식이 중요하다. 이 풍속이라든지 짐의 운반에 관해서는 크기와 방향·방면의 양쪽이 중요한 요소가 된다. 이 크기와 방향의 양쪽을 가진 양을 벡터(vector)라 한다.

평면상에서 A, B라는 끝점을 가진 선분을 고려해보자[그림 6.1(A)]. 이 선분 AB에서 점 A에서 점 B로 향한 [방향]을 붙인 경우, 이것을 **유향선분 AB**라 한다. 방향과 크기를 가진 양은 유향선분으로 나타낼 수 있다. 유향선분에서 그 위치를 문제삼지 않고 크기와 방향·방면만을 고려할 때, 이것을 벡터라 한다. 점 A를 시점, 점 B를 종점으로 하는 유향선분 AB로 나타내는 벡터를 $\overrightarrow{AB}$라 쓴다. 이 벡터를 또한 $\vec{a}$로 쓰기도 한다.

여기서, 좌표평면상 원점을 시점으로 하는 벡터를 고려하면 그림 6.1(B)와 같이 나타낼 수 있다.

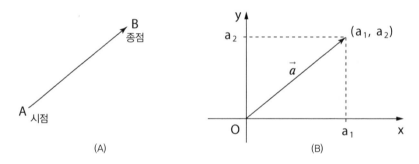

그림 6.1 (A) 유향선분과 (B) 좌표평면상의 원점을 시점으로 하는 벡터

▌벡터 성분과 크기

그림 6.1(B)에서 피타고라스 정리를 이용하여 $\vec{a}$ 길이 즉, $|\vec{a}|$ 크기를 구한다.

━━ **평면에서 벡터의 크기** ━━━━━━━━━━━━━━━━━━

$\vec{a} = (a_1,\ a_2)$일 때, $|\vec{a}| = \sqrt{a_1^2 + a_2^2}$

이를 공간 벡터에 응용하면 축이 1개 증가, 즉 a_3이 증가하므로 다음과 같은 식이 성립한다.

$\vec{a} = (a_1, a_2, a_3)$일 때, $|\vec{a}| = \sqrt{a_1^2 + a_2^2 + a_3^2}$

그림 6.2에서 피타고라스 정리를 이용하면 $\overrightarrow{AB}$ 길이 즉, $|\overrightarrow{AB}|$ 크기가 구해진다.

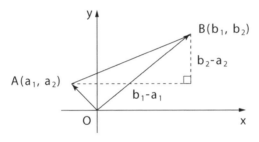

그림 6.2 벡터 성분과 크기 (2)

2점 $A(a_1, a_2)$, $B(b_1, b_2)$에 대하여

$\overrightarrow{AB} = (b_1 - a_1, \ b_2 - a_2)$

$|\overrightarrow{AB}| = \sqrt{(b_1 - a_1)^2 + (b_2 - a_2)^2}$

이를 공간 벡터에 응용하면 축이 1개 증가 즉, a_3, b_3이 증가하므로 다음과 같은 식이 성립한다.

2점 $A(a_1, a_2, a_3)$, $B(b_1, b_2, b_3)$에 대하여

$$\overrightarrow{AB} = (b_1 - a_1, b_2 - a_2, b_3 - a_3)$$

$$|\overrightarrow{AB}| = \sqrt{(b_1 - a_1)^2 + (b_2 - a_2)^2 + (b_3 - a_3)^2}$$

예 제 6-1	다음 3점을 정점으로 하는 삼각형 ABC는 어떤 모양인지 조사하시오. $A(2, 3, 4)$, $B(4, 0, 3)$, $C(5, 3, 1)$

➡ 해 답

$|\overrightarrow{AB}|$, $|\overrightarrow{BC}|$, $|\overrightarrow{CA}|$, 즉, 3변의 길이를 구하면 삼각형 ABC 모양을 알 수 있다.

$$|\overrightarrow{AB}| = \sqrt{(4-2)^2 + (0-3)^2 + (3-4)^2} = \sqrt{4+9+1} = \sqrt{14}$$

$$|\overrightarrow{BC}| = \sqrt{(5-4)^2 + (3-0)^2 + (1-3)^2} = \sqrt{1+9+4} = \sqrt{14}$$

$$|\overrightarrow{CA}| = \sqrt{(2-5)^2 + (3-3)^2 + (4-1)^2} = \sqrt{9+0+9} = 3\sqrt{2}$$

따라서, $AB = BC$인 이등변삼각형이 된다.

6.1.2 내적과 성분

▌벡터 내적이란

$\vec{0}$이 아닌 2개 벡터 $\vec{a}$, $\vec{b}$에 대하여 $\vec{a} = \overrightarrow{OA}$, $\vec{b} = \overrightarrow{OB}$로 하는 반직선을 고려한다. 이 반직선 OA, OB로 이루어지는 각 θ가 $0° \leq \theta \leq 180°$인 것을 **벡터 $\vec{a}$, $\vec{b}$ 로 이루어진 각**이라 한다.

이때, $|\vec{a}||\vec{b}|\cos\theta$를 $\vec{a}$, $\vec{b}$의 **내적**이라 하고, $\vec{a} \cdot \vec{b}$로 표현한다(그림 6.3). $\vec{a} = \vec{0}$ 또는 $\vec{b} = \vec{0}$일 때는 $\vec{a} \cdot \vec{b} = 0$으로 한다.

> ● Hint
> 벡터 내적은 스칼라로 된다.

내적은 평행사변형이나 삼각형 등의 면적을 구하는 것과 달리 그 계산에 정현(사인)이 아닌 여현(여기서는 $\cos\theta$)을 포함한다. 그러므로 $|\vec{a}||\vec{b}|\cos\theta$의 값, 즉 $\vec{a} \cdot \vec{b}$의 값은 다음과 같다.

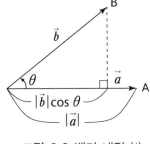

그림 6.3 벡터 내적 (1)

> ● Hint
> $\cos 90° = 0$

$0° \leq \theta < 90°$일 때, $\vec{a} \cdot \vec{b} > 0$

$\theta = 90°$일 때, $\vec{a} \cdot \vec{b} = 0$

$90° < \theta \leq 180°$일 때, $\vec{a} \cdot \vec{b} < 0$

■■■ 벡터 내적 ════════════════════════

$\vec{a} \neq \vec{0}$, $\vec{b} \neq \vec{0}$일 때 $\vec{a}$, $\vec{b}$로 이루어진 각을 θ로 하면

$\vec{a} \cdot \vec{b} = |\vec{a}||\vec{b}|\cos\theta$

$\vec{a} = \vec{0}$ 또는 $\vec{b} = \vec{0}$일 때는

$\vec{a} \cdot \vec{b} = 0$

이 계산은 그림 6.4에서 보인 직사각형 면적으로 표현할 수 있다. 이와 같이 시각화하면 내적 값이 큰지 작은지를 직감적으로 느낄 수 있다.

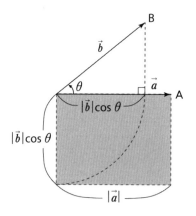

그림 6.4 벡터 내적 (2)

	오른쪽 그림과 같은 직각삼각형 ABC에서 다음 내적을 계산하시오.	
예 제 6-2	(1) $\overrightarrow{AB} \cdot \overrightarrow{AC}$ (2) $\overrightarrow{AB} \cdot \overrightarrow{BC}$	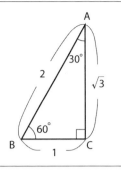

해 답

(1) $\overrightarrow{AB} \cdot \overrightarrow{AC} = |\overrightarrow{AB}| \, |\overrightarrow{AC}| \cos 30°$

$$= 2 \cdot \sqrt{3} \cdot \frac{\sqrt{3}}{2} = 3$$

(2) $\overrightarrow{AB} \cdot \overrightarrow{BC} = |\overrightarrow{AB}| \, |\overrightarrow{BC}| \cos 120°$

$$= 2 \cdot 1 \cdot \left(-\frac{1}{2} \right) = -1$$

▌내적을 성분으로 표현

내적을 성분으로 표현할 수 있다. 그러면 각에 의존하지 않고 내적을 구할 수 있다. 다음 계산을 고려해보자.

$\vec{0}$이 아닌 2개 벡터 $\vec{a} = (a_1, a_2)$, $\vec{b} = (b_1, b_2)$에 대하여 $\vec{a} = \overrightarrow{OA}$, $\vec{b} = \overrightarrow{OB}$, $\angle AOB = \theta$로 놓는다. 벡터 내적은 다음과 같다(그림 6.5).

$$\vec{a} \cdot \vec{b} = |\vec{a}||\vec{b}| \cos \theta = OA \cdot OB \cos \theta$$

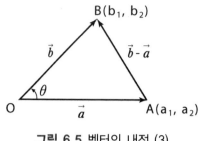

그림 6.5 벡터의 내적 (3)

여기서, $0° \leq \theta \leq 180°$일 때, $\triangle OAB$에서 여현 정리(코사인 정리)를 적용한다. 그러면,

$$AB^2 = OA^2 + OB^2 - 2OA \cdot OB\cos\theta$$

이므로 $2OA \cdot OB\cos\theta$는 다음과 같다.

$$2OA \cdot OB\cos\theta = OA^2 + OB^2 - AB^2 \tag{1}$$

여기서,

$$|\overrightarrow{OA}|^2 = OA^2 = a_1^2 + a_2^2$$

$$|\overrightarrow{OB}|^2 = OB^2 = b_1^2 + b_2^2$$

$$|\overrightarrow{AB}|^2 = AB^2 = (b_1 - a_1)^2 + (b_2 - a_2)^2$$

$$OA \cdot OB\cos\theta = \vec{a} \cdot \vec{b}$$

를 (1)에 대입한다.

$$2\vec{a} \cdot \vec{b} = \left(a_1^2 + a_2^2\right) + \left(b_1^2 + b_2^2\right) - \left\{(b_1 - a_1)^2 + (b_2 - a_2)^2\right\}$$

$$= \left(a_1^2 + a_2^2 + b_1^2 + b_2^2\right) - \left(b_1^2 - 2a_1b_1 + a_1^2 + b_2^2 - 2a_2b_2 + a_2^2\right)$$

$$= 2a_1b_1 + 2a_2b_2$$

따라서, 다음과 같이 식이 유도된다.

$$\vec{a} \cdot \vec{b} = a_1b_1 + a_2b_2$$

평면에서 내적과 성분

$\vec{a} = (a_1, a_2)$, $\vec{b} = (b_1, b_2)$일 때,

$\quad \vec{a} \cdot \vec{b} = a_1b_1 + a_2b_2$

이것을 공간 벡터에 응용하면 축이 1개 증가 즉, a_3, b_3이 증가하므로 다음과 같은 식이 성립한다.

공간에서 내적과 성분

$\vec{a} = (a_1, a_2, a_3)$, $\vec{b} = (b_1, b_2, b_3)$일 때,

$\quad \vec{a} \cdot \vec{b} = a_1b_1 + a_2b_2 + a_3b_3$

예 제 6-3	다음 2개 벡터 내적을 구하시오.
	(1) $\vec{a} = (4, 5)$, $\vec{b} = (5, -4)$
	(2) $\vec{a} = (2, -1, -3)$, $\vec{b} = (-4, \ 3, \ -6)$

(1) $\vec{a} \cdot \vec{b} = 4 \times 5 + 5 \times (-4) = 0$

(2) $\vec{a} \cdot \vec{b} = 2 \times (-4) + (-1) \times 3 + (-3) \times (-6) = -8 - 3 + 18 = 7$

6.1.3 벡터가 이루는 각

각의 크기를 알다

내적의 정의 $\vec{a} \cdot \vec{b} = |\vec{a}||\vec{b}|\cos\theta$와 내적과 성분에서 $\vec{a} \cdot \vec{b} = a_1 b_1 + a_2 b_2$는 같은 내적이다. 각각의 우변을 비교해보자. 큰 차이는 내적의 정의 쪽에는 $\cos\theta$가 존재한다. 결국, 우변끼리 같은 값이 되므로 $\cos\theta$ 값을 구할 수 있다. $\cos\theta$ 값을 알 수 있다는 것은 각 θ 크기, 즉 2개 벡터로 이루는 각을 알 수 있다.

$$\vec{a} \cdot \vec{b} = |\vec{a}||\vec{b}|\cos\theta = a_1 b_1 + a_2 b_2$$

$$\cos\theta = \frac{\vec{a} \cdot \vec{b}}{|\vec{a}||\vec{b}|} = \frac{a_1 b_1 + a_2 b_2}{|\vec{a}||\vec{b}|}$$

평면에서 벡터가 이루는 각

$\vec{0}$이 아닌 2개 벡터 $\vec{a} = (a_1, a_2)$, $\vec{b} = (b_1, b_2)$로 이루는 각을 θ로 하면,

$$\cos\theta = \frac{\vec{a} \cdot \vec{b}}{|\vec{a}||\vec{b}|} = \frac{a_1 b_1 + a_2 b_2}{\sqrt{a_1^2 + a_2^2}\sqrt{b_1^2 + b_2^2}}$$

특히, $\vec{a} \perp \vec{b} \Leftrightarrow a_1 b_1 + a_2 b_2 = 0$

이를 공간 벡터에 응용하면 축이 1개 증가 즉, a_3, b_3이 증가하므로 다음과 같은 식이 성립한다.

■■ 공간에서 벡터가 이루는 각 ■■■

$\vec{0}$이 아닌 2개 벡터 $\vec{a} = (a_1, a_2, a_3)$, $\vec{b} = (b_1, b_2, b_3)$로 이루는 각을 θ로 하면,

$$\cos \theta = \frac{\vec{a} \cdot \vec{b}}{|\vec{a}||\vec{b}|} = \frac{a_1 b_1 + a_2 b_2 + a_3 b_3}{\sqrt{a_1^2 + a_2^2 + a_3^2} \, \sqrt{b_1^2 + b_2^2 + b_3^2}}$$

특히, $\vec{a} \perp \vec{b} \iff a_1 b_1 + a_2 b_2 + a_3 b_3 = 0$

예 제 6-4	다음 2개 벡터가 이루는 각을 구하시오. (1) $\vec{a} = (1, -2)$, $\vec{b} = (-3, 1)$ (2) $\vec{a} = (1, -2, 3)$, $\vec{b} = (-2, -3, 1)$

▷▷ 해 답

(1)
$$\cos \theta = \frac{a_1 b_1 + a_2 b_2}{\sqrt{a_1^2 + a_2^2} \, \sqrt{b_1^2 + b_2^2}} = \frac{1 \times (-3) + (-2) \times 1}{\sqrt{1^2 + (-2)^2} \, \sqrt{(-3)^2 + 1^2}}$$

$$= \frac{-3 - 2}{\sqrt{5} \, \sqrt{10}} = -\frac{1}{\sqrt{2}}$$

$0° \leq \theta \leq 180°$에서 $\theta = 135°$로 된다.

(2)

$$\cos\theta = \frac{a_1b_1 + a_2b_2 + a_3b_3}{\sqrt{a_1^2 + a_2^2 + a_3^2}\ \sqrt{b_1^2 + b_2^2 + b_3^2}}$$

$$= \frac{1\times(-2)+(-2)\times(-3)+3\times1}{\sqrt{1^2+(-2)^2+3^2}\ \sqrt{(-2)^2+(-3)^2+1^2}}$$

$$= \frac{-2+6+3}{\sqrt{14}\ \sqrt{14}} = \frac{7}{14} = \frac{1}{2}$$

$0° \leq \theta \leq 180°$에서 $\theta = 60°$로 된다.

▌Excel에 의한 해법　●Ref : [Math0601.xls]의 [예제 6-4] 시트

2개 벡터 성분을 입력하면 그들 벡터 내적으로 이루는 각을 구하는 워크시트를 작성해보자(그림 6.6).

	F6	▼	ƒx	=ACOS(E6/SQRT(SUMSQ(B5:D5)*SUMSQ(B6:D6)))		
	A	B	C	D	E	F	G
1	●예제6-4						
2	2개의 벡터가 이루는 각(0°≦θ≦180°)을 구하시오.						
3							
4	성분	1	2	3	내적	이루는 각	
5	a벡터	1	-2	3		(라디안)	(도)
6	b벡터	-2	-3	1	7	1.047198	60
7							
8							

그림 6.6 [예제 6-4]의 워크시트

셀 범위 B5:D6에 각 벡터 성분을 입력한다. 셀 E6에 그 내적을 계산한다. 수식은 [=B5*B6+C5*C6+D5*D6]이다.

이루는 각을 구하기 위해서는 cos 값 각도를 구하는 **ACOS 함수**, 제곱근을 구하는 **SQRT 함수**, 제곱근 합을 구하는 **SUMSQ 함수** 등 3개 함수를 사용하고, 셀 F6에 [=ACOS(E6/SQRT(SUMSQ(B5:D5)*SUMSQ(B6:D6)))]를 입력한다. [SUMSQ(B5:D5)]는 [B5^2+C5^2+D5^2]와 같다.

ACOS 함수로 구한 각도는 라디안이므로 **DEGREES 함수**를 사용하여 도수법(60분법)으로 변환한다. 셀 G6의 수식은 [=DEGREES(F6)]이다. 이것은 [=F6*180/PI()]와 같다.

문제를 풀이해보자.

(1) 셀 범위 B5:D5에 $\vec{a}$ 성분 ([1], [−2], [0])을, 셀 범위 B6:D6에 $\vec{b}$ 성분 ([−3], [1], [0])을 입력하면 셀 G6에 해답 [135(°)]를 얻을 수 있다.

(2) 셀 범위 B5:D5에 $\vec{a}$ 성분 ([1], [−2], [3])을, 셀 범위 B6:D6에 $\vec{b}$ 성분 ([−2], [−3], [1])을 입력하면 셀 G6에 해답 [60(°)]를 얻을 수 있다.

6.2 복소수

6.2.1 복소수와 그 연산

▌허수와 허수단위

제곱, 즉 2승하면 −1이 되는 새로운 생각에서 이것을 문자 i로 표현하고, **허수단위**로 한다. 구체적으로는 $i^2 = -1$, $(-2i)^2 = 4i^2 = -4$로 된다.

허수 따위를 공부해서 무엇을 하려는가라고 생각하기도 하지만 일상에서 항상 도움을 받고 있는 전기의 계산 식에 등장한다. 수학에서 허수단위는 i이지만 공학 세계에서는 전류로 i가 사용되므로 허수단위로 j가 대용된다. Excel에서는 허수입력에 i와 j, 어느 것이라도 사용할 수 있다.

▌복소수

i를 허수단위로 할 때, 실수 a, b에 대하여

$$a + bi$$

의 모양으로 표현하는 수를 **복소수**라 한다. 또한, 일반적으로 복소수 $a + bi$로 할 때, a, b는 실수이다.

━━ **복소수의 상등** ━━━━━━━━━━━━━━━━━━━━━━━

$a + bi = c + di \iff a = c, b = d$

특히,

$a + bi = 0 \iff a = 0, b = 0$

예제 6-5	다음 계산을 하시오. (1) $(2 - 3i) - (1 - 8i)$ (2) $(3 - 5i)^2$ (3) $\dfrac{3 - 4i}{1 - 2i}$

▶ **해 답**

(1) $(2 - 3i) - (1 - 8i) = (2 - 1) + (-3 + 8)i = 1 + 5i$

(2) $(3 - 5i)^2 = 3^2 - 2 \cdot 3 \cdot 5i + (5i)^2 = 9 - 30i - 25 = -16 - 30i$

(3) $\dfrac{3 - 4i}{1 - 2i} = \dfrac{(3 - 4i)(1 + 2i)}{(1 - 2i)(1 + 2i)} = \dfrac{3 + 2i - 8i^2}{1 - 4i^2} = \dfrac{11 + 2i}{5} = \dfrac{11}{5} + \dfrac{2}{5}i$

▌공액(켤레)복소수

복소수 $\alpha = a + bi$에 대하여 $a - bi$를 **공액복소수**라 하고 $\overline{\alpha}$로 표현한다. 구체적으로

복소수 $1 + 2i$의 공액복소수는 $1 - 2i$

복소수 $2 - 3i$의 공액복소수는 $2 + 3i$

로 된다.

또한, 서로 공액복소수 $\alpha = a + bi$, $\overline{\alpha} = a - bi$의 합과 곱은 다음과 같이 실수로 되는 성질이 있다.

$$\alpha + \overline{\alpha} = (a + bi) + (a - bi) = 2a$$
$$\alpha\,\overline{\alpha} = (a + bi)(a - bi) = a^2 - b^2 i^2 = a^2 + b^2$$

예 제 6-6	다음 복소수의 공액복소수를 구하시오. (1) $5 - 7i$ (2) 8 (3) $-3i$

▷ 해 답

(1) $\overline{5 - 7i} = 5 + 7i$

(2) $\overline{8} = 8$

(3) $\overline{-3i} = 3i$

▌복소수 평면

복소수 $z = a + bi$에 대하여 좌표평면상 점 (a, b)을 고려하면, 이 좌표평면상 점과 복소수는 1대 1로 대응한다(그림 6.7).

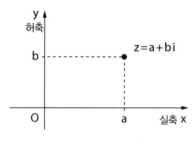

그림 6.7 복소수 평면

이와 같이 복소수 $z = a + bi$에 점 (a, b)를 대응시킬 때, 이 좌표평면을 복소수평면(복소평면, 가우스평면)이라 한다. 복소수평면상에서는 x축을 실축, y축을 허축이라 한다.

▌복소수의 절댓값

점 z와 원점 O 사이의 거리를 복소수 z의 절댓값이라 하고, $|z|$로 표현한다. $z = a + bi$일 때,

$$|z| = |a + bi| = \sqrt{a^2 + b^2}$$

로 된다. 이것은 벡터 크기를 구하는 계산과 같고 또한, 내용은 피타고라스 정리와 같다(그림 6.8).

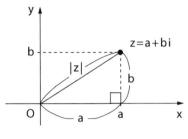

그림 6.8 복소수의 절댓값

▌복소수의 합과 차

복소수의 합과 차 계산은 벡터의 합과 차 계산과 마찬가지이다. 벡터의 합성과 같은 것이다.

두 개의 복소수를 $z_1 = a + bi$과 $z_2 = c + di$로 한다.

━━ 복소수의 합(그림 6.9)

$$z_1 + z_2 = (a + bi) + (c + di) = (a + c) + (b + d)i$$

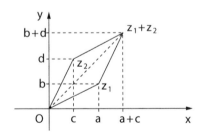

그림 6.9 복소수의 합

━━ 복소수의 차(그림 6.10)

$$z_1 - z_2 = (a + bi) - (c + di) = (a - c) + (b - d)i$$

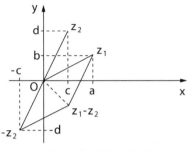

그림 6.10 복소수의 차

6.2.2 Excel을 사용한 복소수 연산

Excel에서는 복소수 연산을 위한 여러 가지 함수가 준비되어 있다. 이들의 함수는 엔지니어링 함수로 분류되어 있고, 사용하기 위해서는 추가의 [분석도구]를 유효로 해둘 필요가 있다.[*]

Excel에서는 복소수를 [x+yi] 또는 [x+yj] 형식의 문자열로서 다룬다. 이 [x]를 실수계수, [y]를 허수계수라 하고 수치로 지정한다. 허수단위를 나타내는 문자는 소문자 [i] 또는 [j]를 사용할 수 있다.

셀에 복소수를 기입하는 것은 2+3i를 예로 하면, [x+yi] 형식인 [2+3i]라는 문자열을 입력하고, **COMPLEX 함수**로 실수계수와 허수계수를 지정하고, [=COMPLEX(2,3)]을 입력한다.

다음 계산을 해보자. 그림 6.11과 같은 워크시트를 작성한다.

---

[*] 역자 주 : [분석 도구]를 유효로 하는 방법은 [분석도구의 셋업]을 참조

	E2	▼	f_x	=IMSUM(C2,D2)	
	A	B	C	D	E
1	●복소수의 합, 차, 곱, 몫을 구한다				
2	(1)	和	2+3i	-7+i	-5+4i
3	(2)	差	4-2i	-1-3i	5+i
4	(3)	積	3-i	2+5i	11+13i
5	(4)	商	2+i	2-i	0.6+0.8i
6					
7	●공액 복소수를 구한다				
8	(1)	3+4i	3-4i		
9	(2)	3	3		
10	(3)	-3i	3i		
11					
12	●복소수의 절대값을 구한다				
13	(1)	3+4i			5
14	(2)	1+2i	2+i		5
15	(3)	1+3i	3+i		1
16					

그림 6.11 Excel에서 복소수 연산 ● Ref : [Math0602.xls]의 [6.2.2] 시트

▌복소수의 합, 차, 곱, 몫을 구한다

(1) $(2+3i)+(-7+i)$

복소수의 합을 구하기 위해서는 **IMSUM 함수**를 사용한다. 셀 C2와 D2에 기입해둔 복소수를 더하기 위해서는 [=IMSUM(C2,D2)]를 입력한다. 계산결과는 [-5+4i]로 된다.

(2) $(4-2i)-(1-3i)$

복소수의 차를 구하기 위해서는 **IMSUB 함수**를 사용한다. 셀 C3에 기입해둔 복소수에서 셀 D3에 기입해둔 복소수를 빼기 위해서는 [=IMSUB(C3,D3)]을 입력한다. 계산결과는 [5+i]로 된다.

(3) $(3-i)(2+5i)$

복소수의 곱을 구하기 위해서는 **IMPRODUCT 함수**를 사용한다. 셀 C4와

D4에 기입해둔 복소수를 곱하기 위해서는 [=IMPRODUCT(C4,D4)]를 입력
한다. 계산결과는 [11+13i]로 된다.

(4) $\dfrac{2+i}{2-i}$

복소수의 몫을 구하기 위해서는 **IMDIV 함수**를 사용한다. 셀 C5에 기입해
둔 복소수를 셀 D5에 기입해둔 복소수로 나누기 위해서는 [=IMDIV(C5,D5)]
를 입력한다. 계산결과는 [0.6+0.8i]로 된다.

▍공액복소수를 구한다

공액복소수를 구하기 위해서는 **IMCONJUGATE 함수**를 사용한다.

(1) $3+4i$

셀 B8에 기입해둔 복소수의 공액복소수를 구하기 위해서는 [=IMCONJUG
ATE(B8)]을 입력한다. 계산결과는 [3−4i]로 된다.

(2) 3

셀 B9에 기입해둔 복소수의 공액복소수를 구하기 위해서는 [=IMCONJUG
ATE(B9)]를 입력한다. 계산결과는 [3]으로 된다.

(3) $-3i$

셀 B10에 기입해둔 복소수의 공액복소수를 구하기 위해서는 [=IMCONJU
GATE(B10)]을 입력한다. 계산결과는 [3i]로 된다.

▌복소수의 절댓값을 구한다

복소수의 절댓값을 구하기 위해서는 **IMABS 함수**를 사용한다.

(1) $3 + 4i$

셀 B13에 기입해둔 복소수의 절댓값을 구하기 위해서는 [=IMABS(B13)]을 입력한다. 계산결과는 [5]로 된다.

(2) $(1 + 2i)(2 + i)$

셀 B14와 C14에 기입해둔 복소수 곱의 절댓값을 구하기 위해서는 [=IMABS(IMPRODUCT(B14,C14))]를 입력한다. 계산결과는 [5]로 된다.

(3) $\dfrac{1 + 3i}{3 + i}$

셀 B15에 기입해둔 복소수를 셀 C15에 기입해둔 복소수로 나눈 몫의 절댓값을 구하기 위해서는 [=IMABS(IMDIV(B15,C15))]를 입력한다. 계산결과는 [1]로 된다.

6.3 복소수 평면

6.3.1 복소수의 극형식

▌어느 쪽으로 생각하고 있는가?

위치를 나타낼 경우 바둑판 눈처럼 직교좌표에 의한 사고와 각도와 거리로 나타내는 극좌표에 의한 사고가 있다. 일반적으로는 직교좌표를 사용하는 경우가 대부분이라고 생각하지만 제각기 편리한 점이 있다.

복소수 평면에서도 실축과 허축을 사용한 직교좌표도 사용하지만 극좌표(복소수의 극형식)도 사용한다. 왜냐하면 복소수 평면에서는 극형식에서 취급하는 곱셈이나 나눗셈이 회전 등의 치환에 있어서 간단하기 때문이다.

▌극형식

복소수 평면상에서 0이 아닌 복소수 $z = a + bi$를 나타낸 점을 P로 한다(그림 6.12). 또한, 선분 OP 길이를 $r(r = |z|)$, 선분 OP가 실축의 양의 부분으로 이루는 각을 θ로 할 때, 삼각비에서 다음과 같다.

$$a = r\cos\theta, \ b = r\sin\theta$$

여기서, 복소수 z는 다음과 같이 나타낼 수 있다.

$$z = a + bi = r\cos\theta + r\sin\theta \cdot i$$
$$= r(\cos\theta + i\sin\theta) \qquad \text{단, } r > 0$$

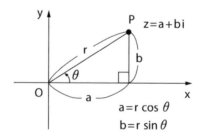

그림 6.12 복소수의 극형식

이것을 복소수 z의 **극형식**이라 한다. 또한, 이때 θ를 z의 **편각**이라 하고,

$$\arg z$$

로 쓴다. 복소수 z의 편각 θ는 $0° \leq \theta < 360°$의 범위에서는 단 1개로 정해진다.

예 제 6-7	다음 복소수를 극형식으로 나타내시오. (1) $1 + i$ (2) $-4i$

◎ 해 답

(1) 절댓값을 r, 편각을 θ로 하면, 다음과 같다.

$$r = \sqrt{1^2 + 1^2} = \sqrt{2}$$

$$\cos\theta = \frac{1}{\sqrt{2}}, \quad \sin\theta = \frac{1}{\sqrt{2}}$$

이것에서 $0° \leq \theta < 360°$의 범위를 고려하면 $\theta = 45°$로 된다(그림 6.13).

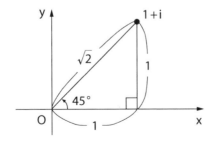

그림 6.13 복소수 $1 + i$의 극형식

따라서, 극형식은 다음과 같다.

$$1+i=\sqrt{2}\,(\cos 45°+i\sin 45°)$$

(2) 절댓값을 r, 편각을 θ로 하면, 다음과 같다.

$$r=\sqrt{0^2+(-4)^2}=\sqrt{16}=4$$

$$\cos\theta=\frac{0}{4},\quad \sin\theta=\frac{-4}{4}=-1$$

이것에서 $0° \leq \theta < 360°$의 범위를 고려하면 $\theta=270°$로 된다. 따라서, 극형식은 다음과 같다.

$$-4i=4(\cos 270°+i\sin 270°)$$

▌Excel에 의한 해법 • Ref : [Math0603.xls]의 [예제 6-7] 시트

복소수를 극형식으로 나타내는 워크시트를 작성해 보자(그림 6.14).

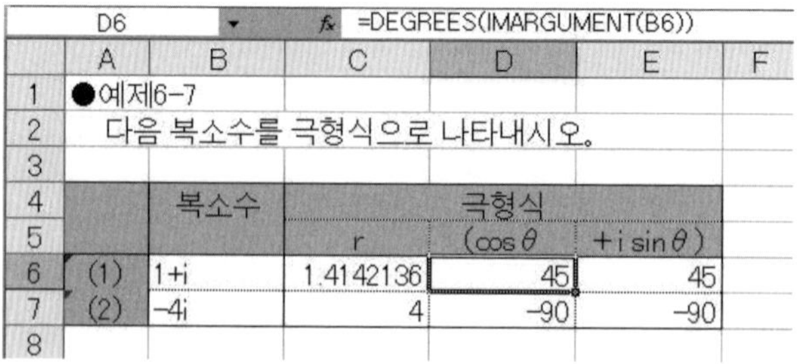

D6 =DEGREES(IMARGUMENT(B6))

	A	B	C	D	E	F
1	●예제6-7					
2	다음 복소수를 극형식으로 나타내시오.					
3						
4		복소수	극형식			
5			r	(cos θ	+i sin θ)	
6	(1)	1+i	1.4142136	45	45	
7	(2)	-4i	4	-90	-90	
8						

그림 6.14 [예제 6-7]의 워크시트

(1) 셀 B6에 복소수를 [1+i] 또는 [COMPLEX(1,1)]을 입력한다. r는 이 복소수의 절댓값이므로 셀 C6에 [=IMABS(B6)]을 입력한다. 편각 θ는 **IMARGUMENT 함수**로 구한다. IMARGUMENT 함수는 편각을 라디안으로 되돌리므로 도수법으로 변환하는 것은 **DEGREES 함수**를 사용한다. 그러므로 셀 D6과 E6에 입력하는 수식은 [DEGREES(IMARGUMENT(B6))]이다. 계산결과는 r가 [1.4142136…], θ가 [45(°)]로 된다.

(1) 셀 B7에 복소수를 [−4i] 또는 [COMPLEX(0,−4)]를 입력한다. 셀 범위 C6:E6을 셀 범위 C7:E7에 복사한다. 계산결과는 r가 [4], θ가 [−90(°)]로 된다.

6.3.2 곱의 극형식 · 몫의 극형식

▌곱셈은 θ의 덧셈, 나눗셈은 θ의 뺄셈

극형식에서 복소수의 곱과 몫은 절댓값 r의 곱셈 · 나눗셈과 편각 θ의 덧셈 · 뺄셈에서 구할 수 있다.

Excel 등을 사용하면 복소수의 곱과 몫도 강제로 계산할 수 있으므로 이 곱의 극형식이나 몫의 극형식의 고마움이 작아지게 되겠지만 수학적으로도 의미가 있으므로 살펴보도록 하자.

▌극형식에서 복소수의 곱

0 이 아닌 2개 복소수 z_1, z_2에 대하여 z_1의 절댓값을 r_1, 편각을 θ_1로 하고, z_2의 절댓값을 r_2, 편각을 θ_2로 한다. 그러면 2개 복소수 z_1, z_2은

$$z_1 = r_1(\cos\theta_1 + i\sin\theta_1), \quad z_2 = r_2(\cos\theta_2 + i\sin\theta_2)$$

로 된다. 따라서, 곱 $z_1 z_2$를 계산하면 다음과 같다.

$$
\begin{aligned}
z_1 z_2 &= r_1(\cos\theta_1 + i\sin\theta_1) \cdot r_2(\cos\theta_2 + i\sin\theta_2) \\
&= r_1 r_2(\cos\theta_1 + i\sin\theta_1)(\cos\theta_2 + i\sin\theta_2) \\
&= r_1 r_2\{(\cos\theta_1\cos\theta_2 - \sin\theta_1\sin\theta_2) + i(\sin\theta_1\cos\theta_2 + \cos\theta_1\sin\theta_2)\}
\end{aligned}
$$

여기서, 다음 삼각함수의 가법정리를 적용해본다.

$$\cos(\theta_1 + \theta_2) = \cos\theta_1\cos\theta_2 - \sin\theta_1\sin\theta_2$$

$$\sin(\theta_1 + \theta_2) = \sin\theta_1\cos\theta_2 + \cos\theta_1\sin\theta_2$$

이것에서 곱 $z_1 z_2$은

$$z_1 z_2 = r_1 r_2\{\cos(\theta_1 + \theta_2) + i\sin(\theta_1 + \theta_2)\}$$

로 된다. 이때,

$$|z_1 z_2| = r_1 r_2, \quad \arg z_1 z_2 = \theta_1 + \theta_2$$

로 된다. 이와 같이 절댓값은 곱셈, 편각은 덧셈이 되는 것을 알 수 있다.

━━ 복소수 곱의 절댓값과 편각(그림 6.15)

$z_1 = r_1(\cos\theta_1 + i\sin\theta_1),\ z_2 = r_2(\cos\theta_2 + i\sin\theta_2)$일 때,

$z_1 z_2 = r_1 r_2\{\cos(\theta_1 + \theta_2) + i\sin(\theta_1 + \theta_2)\}$

$|z_1 z_2| = r_1 r_2,\quad \arg z_1 z_2 = \arg z_1 + \arg z_2 = \theta_1 + \theta_2$

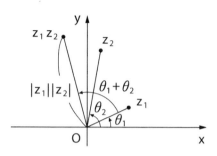

그림 6.15 복소수 곱의 절댓값과 편각

예 제 6-8	$z_1 = 1.5(\cos 45° + i\sin 45°),\ z_2 = 1.2(\cos 60° + i\sin 60°)$일 때, 곱$z_1 z_2$를 극형식으로 나타내고, 그 절댓값과 편각을 구하시오.단, 편각 θ에 대해서는 $-180° \le \theta < 180°$로 한다.

⟫ 해 답

곱에 대하여 $z_3 = z_1 z_2$로 놓으면

$$|z_3| = r_1 r_2 = 1.5\times 1.2 = 1.8,\quad \arg z_3 = \theta_1 + \theta_2 = 45° + 60° = 105°$$

로 된다. 따라서, 극형식은

$$z_3 = z_1 z_2 = 1.8(\cos 105° + i\sin 105°)$$

에서 절댓값은 1.8, 편각은 105°로 된다(그림 6.16).

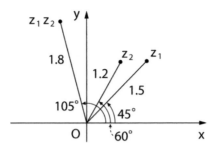

그림 6.16 예제 6-8의 도해

▍극형식에서 복소수의 몫

0 이 아닌 2개 복소수 z_1, z_2에 대하여 z_1의 절댓값을 r_1, 편각을 θ_1로 하고, z_2의 절댓값을 r_2, 편각을 θ_2로 한다. 그러면 2개 복소수 z_1, z_2은

$$z_1 = r_1(\cos\theta_1 + i\,\sin\theta_1),\ \ z_2 = r_2(\cos\theta_2 + i\,\sin\theta_2)$$

로 된다. 따라서, 몫 $\dfrac{z_1}{z_2}$ 을 계산하면 다음과 같다.

$$\frac{z_1}{z_2} = \frac{r_1(\cos\theta_1 + i\,\sin\theta_1)}{r_2(\cos\theta_2 + i\,\sin\theta_2)} = \frac{r_1(\cos\theta_1 + i\,\sin\theta_1)(\cos\theta_2 - i\,\sin\theta_2)}{r_2(\cos\theta_2 + i\,\sin\theta_2)(\cos\theta_2 - i\,\sin\theta_2)}$$

$$= \frac{r_1(\cos\theta_1 + i\,\sin\theta_1)\{\cos(-\theta_2) + i\,\sin(-\theta_2)\}}{r_2(\cos^2\theta_2 + \sin^2\theta_2)}$$

$$= \frac{r_1}{r_2}\{\cos(\theta_1 - \theta_2) + i\,\sin(\theta_1 - \theta_2)\}$$

이때,

$$\left|\frac{z_1}{z_2}\right| = \frac{r_1}{r_2}, \quad \arg\frac{z_1}{z_2} = \theta_1 - \theta_2$$

로 된다. 절댓값은 나눗셈, 편각은 뺄셈이 되는 것을 알 수 있다.

복소수 몫의 절댓값과 편각(그림 6.17)

$z_1 = r_1(\cos\theta_1 + i\sin\theta_1)$, $z_2 = r_2(\cos\theta_2 + i\sin\theta_2)$일 때,

$$\frac{z_1}{z_2} = \frac{r_1}{r_2}\{\cos(\theta_1 - \theta_2) + i\sin(\theta_1 - \theta_2)\}$$

$$\left|\frac{z_1}{z_2}\right| = \frac{|z_1|}{|z_2|} = \frac{r_1}{r_2}, \quad \arg\frac{z_1}{z_2} = \arg z_1 - \arg z_2 = \theta_1 - \theta_2$$

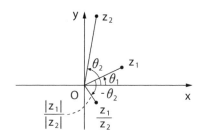

그림 6.17 복소수 몫의 절댓값과 편각

예 제 6-9	$z_1 = 3(\cos45° + i\sin45°)$, $z_2 = 1.5(\cos60° + i\sin60°)$일 때, 몫 $\dfrac{z_1}{z_2}$을 극형식으로 나타내고, 그 절댓값과 편각을 구하시오. 단, 편각 θ에 대해서는 $-180° \leq \theta < 180°$로 한다.

몫에 대하여 $z_4 = \dfrac{z_1}{z_2}$ 로 놓으면

$$|z_4| = \frac{r_1}{r_2} = \frac{3}{1.5} = 2, \quad \arg z_4 = \theta_1 - \theta_2 = 45° - 60° = -15°$$

로 된다. 따라서, 극형식은

$$z_4 = \frac{z_1}{z_2} = 2\{\cos(-15°) + i \sin(-15°)\}$$

에서 절댓값은 2, 편각은 $-15°$로 된다(그림 6.18).

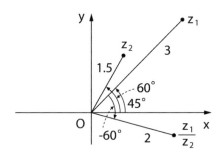

그림 6.18 예제 6-9의 도해

▌**복소수의 곱·몫을 그래프화한다** ● Ref : [Math0603.xls]의 [6.3.2] 시트

Excel을 사용하여 복소수의 곱과 몫의 위치를 복소수 평면상에 찍어보자.

지금, 2개 복소수 $z_1 = 1+i$, $z_2 = 2+\sqrt{3}\,i$에 대하여 $z_1 z_2$와 $\dfrac{z_1}{z_2}$를 구하고,

이들 점을 복소수평면상에 나타내는 것을 고려한다.

그림 6.19와 같이 워크시트를 작성한다.

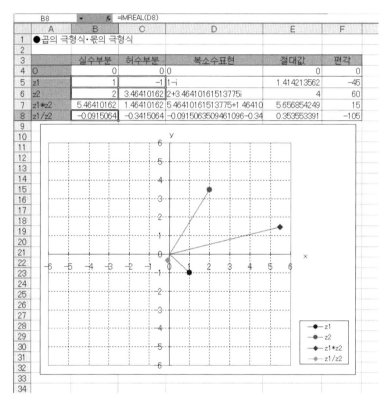

그림 6.19 복소수의 곱·몫을 그래프화한다.

그래프의 데이터로 사용하기 위해 원점 (0,0), z_1및 z_2 실수 부분과 허수 부분을 셀 범위 B4:C6에 입력한다. 이들에서 COMPLEX 함수를 사용하여 셀 D5와 D6에 복소수 표현 문자열을 저장한다. 셀 D5의 수식은 [=COMPLEX

(B5,C5)], 셀 D6의 수식은 [=COMPLEX(B6,C6)]이다.

셀 D7에 $z_1 z_2$를, 셀 D8에 $\dfrac{z_1}{z_2}$을 계산한다. 셀 D7의 수식은 [=IMPRODU

CT(D5,D6)], 셀 D8의 수식은 [=IMDIV(D5,D6)]이다. 이들 계산결과에서 그
래프의 데이터가 되는 실수 부분과 허수 부분을 도출한다. 실수 부분을 도출
하는 것은 **IMREAL 함수**를, 허수 부분을 도출하는 것은 **IMAGINARY 함수**
를 사용한다. 셀 B7에 [=IMREAL(D7)], 셀 C7에 [=IMAGINARY(D7)]을
입력하고, 아래의 행에 복사한다.

셀 범위 E5:F8에 각각의 절댓값과 편각을 계산해둔다. 셀 E5의 수식은 [=I
MABS(D5)], 셀 F5의 수식은 [=DEGREES(IMARGUMENT(D5)]이다.

그래프는 실수 부분을 x축으로, 허수 부분을 y축으로 하고, 원점과 z_1, 원

점과 z_2, 원점과 $z_1 z_2$ 및 원점과 $\dfrac{z_1}{z_2}$을 연결한 4개 계열로 되는 산포도를 작

성하고, 형식을 정비한다.

절댓값과 편각 계산결과나 그래프에서 복소수의 곱셈·나눗셈, 절댓값의 곱
셈·나눗셈, 편각의 덧셈·뺄셈이 이루어지는 것을 확인할 수 있다.

6.3.3 드무아브르(De Moivre's)의 정리

▌거듭제곱하면 회전한다

절댓값이 1인 복소수 z의 거듭제곱을 고려해보자. 1의 거듭제곱이므로 그
대로 절댓값은 1이 된다. 단, n승한 만큼 편각 θ에 작용하여 $n\theta$로 된다. z를
2승하면 편각은 θ에서 2θ로 z를 3승하면 편각은 θ에서 3θ로 된다.

이것을 이해하면 예를 들면 $z = \dfrac{1}{2} + \dfrac{\sqrt{3}}{2}\,i$일 때, 익숙해지면 z^3은 -1로 암산으로 나올 수 있다. 번거로운 수식의 계산도 암산할 수 있으면 조금 기분이 좋지 않는가?

█ 복소수의 곱과 몫에서 드무아브르의 정리로

절댓값이 1, 편각이 θ인 복소수를 z로 하면,

$$z = \cos\theta + i\,\sin\theta$$

로 된다. 이 복소수 z의 2승은 복소수의 곱을 사용하여

$$
\begin{aligned}
z^2 &= (\cos\theta + i\,\sin\theta)(\cos\theta + i\,\sin\theta) \\
&= \cos(\theta + \theta) + i\,\sin(\theta + \theta) \\
&= \cos 2\theta + i\,\sin 2\theta
\end{aligned}
$$

로 된다. 2승인 것에서 편각이 2배로 되는 것을 알 수 있다. 다시 한 번 마찬가지의 방법으로 z의 3승은

$$
\begin{aligned}
z^3 &= z^2 z \\
&= (\cos 2\theta + i\,\sin 2\theta)(\cos\theta + i\,\sin\theta) \\
&= \cos(2\theta + \theta) + i\,\sin(2\theta + \theta) \\
&= \cos 3\theta + i\,\sin 3\theta
\end{aligned}
$$

로 된다. 3승한 것이므로 편각이 3배로 되는 것을 알 수 있다. 다음에 마찬가지의 방법으로 반복하여 일반적으로

$$z^n = \cos n\theta + i \sin n\theta$$

로 된다.

또한, 복소수의 몫을 사용하여

$$\frac{1}{z} = \frac{\cos 0° + i \sin 0°}{\cos \theta + i \sin \theta} = \cos(0° - \theta) + i \sin(0° - \theta)$$

$$= \cos(-\theta) + i \sin(-\theta)$$

에서 다음과 같다.

$$\frac{1}{z^n} = \left(\frac{1}{z}\right)^n$$

$$= \{\cos(-\theta) + i \sin(-\theta)\}^n$$

$$= \cos(-n\theta) + i \sin(-n\theta)$$

여기서, $z^0 = 1$, $z^{-n} = \dfrac{1}{z^n}$ 로 정해지면 다음과 같은 드무아브르의 정리가 얻어진다.

n이 정수일 때,

$$(\cos\theta + i\sin\theta)^n = \cos n\theta + i\sin n\theta$$

예 제 6-10	(1) $(1+\sqrt{3}\,i)^6$을 계산하시오. (2) 복소수 $2+2\sqrt{3}\,i$의 제곱근을 구하시오.

▶ 해 답

(1) $(1+\sqrt{3}\,i)^6$을 극형식으로 나타내면,

$$1+\sqrt{3}\,i = 2\left(\frac{1}{2} + \frac{\sqrt{3}}{2}\,i\right) = 2(\cos 60° + i\sin 60°)$$

로 된다(그림 6.20). 이것에 드무아브르의 정리를 이용하면 다음과 같다.

$$(1+\sqrt{3}\,i)^6 = 2^6(\cos 60° + i\sin 60°)^6$$

$$= 2^6(\cos 360° + i\sin 360°)$$

$$= 64 \times 1 = 64$$

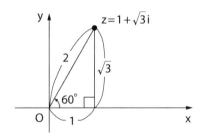

그림 6.20 복소수 평면상의 $1+\sqrt{3}\,i$

(2) 구할 복소수를 z라 놓고, 주어진 식에 대하여 드무아브르의 정리를 이용하면 다음과 같다.

$$z^2 = 2 + 2\sqrt{3}\,i = 4\left(\frac{1}{2} + \frac{\sqrt{3}}{2}\,i\right)$$
$$= 4\left(\cos 60° + i \sin 60°\right)$$
$$= 2^2\left(\cos 30° + i \sin 30°\right)^2$$

따라서, z 값은

$$z = \pm 2\left(\cos 30° + i \sin 30°\right)$$
$$= \pm 2 \times \frac{\sqrt{3} + i}{2} = \pm\left(\sqrt{3} + i\right)$$

로 된다.

▌복소수의 거듭제곱을 그래프화한다 ●Ref : [Math0603.xls]의 [6.3.3] 시트

Excel을 사용하여 복소수 z와 그것을 n승한 값 z^n을 복소수 평면상에 찍어 보자. 여기서는 복소수 $z = 2 + 2\sqrt{3}\,i$에 대하여 $z^{\frac{1}{2}}$을 구하고, 이 2개 점을 복소수 평면상에 나타내는 것을 고려한다.

그림 6.21과 같이 워크시트를 작성한다.

그래프의 데이터로 사용하기 위해 원점 (0,0), z의 실수 부분(여기서는 [2])과 허수 부분(여기서는 [=2*SQRT(3)])을 셀 범위 B4:C5에 입력한다. 여기서

COMPLEX 함수를 사용하여 셀 D5에 복소수 표현의 문자열을 저장한다. 셀 D5의 수식은 [=COMPLEX(B5,C5)]이다. 셀 B6에 n 값(여기서는 [0.5])를 입력한다.

셀 D7에 **IMPOWER 함수**를 사용하여 z^n을 계산한다. 수식은 [=IMPOWER(D5,B6)]이다. 이들 계산결과에서 그래프의 데이터로 사용하기 위해 실수 부분과 허수 부분을 도출한다. 실수 부분을 도출하는 것은 IMREAL 함수를, 허수 부분을 도출하는 것은 IMAGINARY 함수를 사용한다. 셀 B7에 [=IMREAL(D7)], 셀 C7에 [=IMAGINARY(D7)]을 입력한다.

셀 범위 E5와 F5에 z, 셀 E7과 F7에 z^n의 절댓값과 편각을 계산한다. 셀 E5의 수식은 [=IMABS(D5)], 셀 F5의 수식은 [=DEGREES(IMARGUMENT(D5))]이다.

그래프는 실수 부분을 x축으로, 허수 부분을 y축으로 하고, 원점과 z 및 원점과 z^n을 연결한 2개 계열로 되는 산포도를 작성하고, 형식을 정비한다.

절댓값과 편각의 계산결과나 그래프에서 복소수의 거듭제곱은 편각의 거듭제곱 값의 배로 되는 것을 확인할 수 있다.

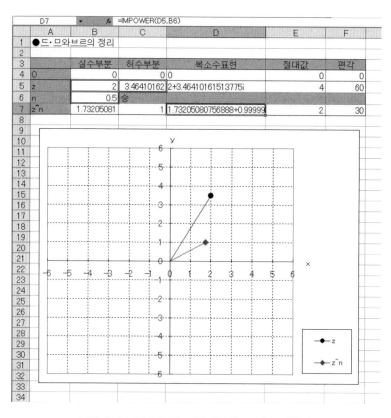

그림 6.21 복소수의 거듭제곱을 그래프화한다.

6.3.4 평면도형과 복소수

▌기본은 피타고라스 정리와 복소수의 몫

복소수를 복소수 평면상에서 고려하면 길이와 각도가 등장한다. 1개 복소수 z의 절댓값 $|z|$은 점 z와 원점 O 사이의 거리이지만 2개 복소수 사이에서는 어떻게 되는지, 또, 각은 3점을 기본으로 하여 만들어지는 데 복소수 평면에서는 어떻게 계산하는지 확인해보자.

길이, 거리 하면 피타고라스 정리가 등장한다. 이것은 복소수에서도 같다.

또, 각도에 대해서는 복소수의 계산에서는 몫, 즉 나눗셈으로 2직선으로 이루어지는 각을 계산한다.

▌피타고라스 정리에서

복소수 평면상 2점 $A(z_1)$, $B(z_2)$를

$$z_1 = a + bi\,,\, z_2 = c + di$$

로 한다. 그러면 실제 좌표평면상에서 점 A, B 좌표는 각각 $(a,\,b)$, $(c,\,d)$로 된다. 그러므로 여기서 피타고라스 정리를 사용하면

$$AB = \sqrt{(c-a)^2 + (d-b)^2} \qquad (1)$$

로 된다. 한편, 복소수의 계산에서는

$$z_2 - z_1 = (c-a) + (d-b)i \qquad (2)$$

에서

$$|z_2 - z_1| = \sqrt{(c-a)^2 + (d-b)^2}$$

로 된다. (1)과 (2)의 우변은 같으므로

$$AB = |z_2 - z_1|$$

이 성립한다(그림 6.22).

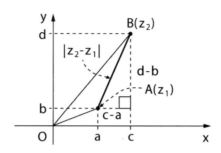

그림 6.22 복소수 평면상 2점 간의 거리

━━ **2점 간의 거리** ━━━━━━━━━━━━━

2점 $A(z_1)$, $B(z_2)$ 간의 거리는

$AB = |z_2 - z_1|$

예 제 6-11	다음 2점 간의 거리를 구하시오. $z_1 = 2 + 5i$, $z_2 = 4 + 3i$

》 해 답

$$|z_2 - z_1| = |(4 + 3i) - (2 + 5i)|$$

$$= |2 - 2i|$$

$$= \sqrt{2^2 + (-2)^2}$$

$$= 2\sqrt{2}$$

2개 복소수 z_1, z_2의 실수 부분과 허수 부분을 각각 입력하고, 그들의 거리를 구하고, 복소수 평면상에 나타내는 워크시트를 작성해보자(그림 6.23).

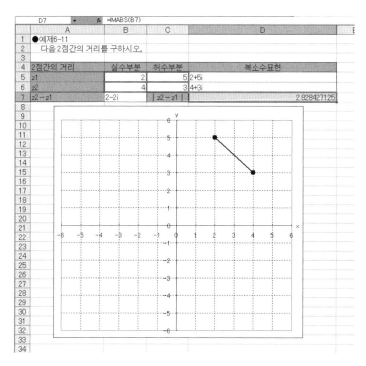

그림 6.23 [예제 6–11]의 워크시트

그래프의 데이터로 사용하기 위해 z_1, z_2의 실수 부분과 허수 부분을 셀 범위 B5:C6에 입력한다. 이들에서 COMPLEX 함수를 사용하여 셀 D5와 D6에 복소수 표현의 문자열을 저장한다. 셀 D5의 수식은 [=COMPLEX(B5,C5)]이다. 셀 B7에 $z_2 - z_1$을 계산한다. 수식은 [=IMSUB(D6,D5)]이다. 셀 D7에 [=IMABS(B7)]을 입력하고, 거리 $|z_2 - z_1|$를 구한다.

그래프는 실수 부분을 x축으로, 허수 부분을 y축으로 하고, z_1과 z_2를 선으로 연결한 산포도를 작성하고, 형식을 정비한다.

$z_1 = 2 + 5i$, $z_2 = 4 + 3i$를 계산하면 거리는 [2.8284…]로 된다.

▍$\theta_2 - \theta_1$이 2직선으로 이루는 각의 기본

2직선으로 이루는 각은 $\theta_2 - \theta_1$을 계산하면 되지만 2개 복소수를 α, β로 할 때, 이것은 $\arg \beta - \arg \alpha$의 계산이 된다. 복소수에서는 $\dfrac{\beta}{\alpha}$의 편각이 2직선을 이루는 각이므로, 이 계산은 나눗셈이 된다. 단, 실제 2직선의 교점은 원점 O라고는 할 수 없으므로 이 2직선의 교점을 γ로 하면 교점 γ을 원점에 평행이동한 β는 $\beta - \gamma$로 α는 $\alpha - \gamma$의 계산이 필요하게 된다.

복소수 평면상의 다른 3점 $A(\alpha)$, $B(\beta)$, $C(\gamma)$에 대하여 반직선 CA에서 반직선 CB로 측정한 각을 $\angle ACB$로 나타낸다.

그림 6.24와 같이 점 $C(\gamma)$을 원점으로 가져가도록 $-\gamma$만큼 3점 $A(\alpha)$, $B(\beta)$, $C(\gamma)$을 평행이동한다. 그러면 점 $C(\gamma)$가 원점 O로 되고, 점 A는 $A'(\alpha - \gamma)$, 점 B는 $B'(\beta - \gamma)$로 이동한다. 따라서, $\angle ACB$는

$$
\begin{aligned}
\angle ACB &= \angle A'OB' \\
&= \arg(\beta - \gamma) - \arg(\alpha - \gamma) \\
&= \arg \frac{\beta - \gamma}{\alpha - \gamma}
\end{aligned}
$$

로 된다.

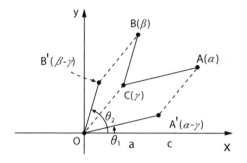

그림 6.24 복소수 평면상 2직선이 이루는 각도

━━ **2직선이 이루는 각** ━━━━━━━━━━━━━━━━━━━━━━━

다른 3점 $A(\alpha), B(\beta), C(\gamma)$에 대하여

$$\angle ACB = \arg \frac{\beta-\gamma}{\alpha-\gamma}$$

예 제 6-12	$\alpha=(1+\sqrt{3})-(2-\sqrt{3})i, \beta=-i, \gamma=1-2i$로 나타내는 점을 각각 A, B, C로 할 때, $\angle ACB$의 크기를 구하시오.

▷ **해 답**

$$\frac{\beta-\gamma}{\alpha-\gamma} = \frac{-i-(1-2i)}{\{(1+\sqrt{3})-(2-\sqrt{3})i\}-(1-2i)}$$

$$= \frac{-1+i}{\sqrt{3}+\sqrt{3}\,i} = \frac{(-1+i)(1-i)}{\sqrt{3}\,(1+i)(1-i)}$$

$$= \frac{2i}{2\sqrt{3}} = \frac{1}{\sqrt{3}}\,i$$

$$= \frac{1}{\sqrt{3}}(0+i) = \frac{1}{\sqrt{3}}(\cos 90°+\sin 90°)$$

그러므로

$$\angle ACB = \arg \frac{\beta - \gamma}{\alpha - \gamma} = 90\,^\circ$$

로 된다.

▌Excel에 의한 해법 · Ref : [Math0603.xls]의 [예제 6-12] 시트

3개 복소수 α, β, γ의 실수 부분과 허수 부분을 각각 입력하면 그들을 나타내는 복소수 평면상의 A, B, C의 각 점에 대하여 CA에서 CB로 측정한 $\angle ACB$를 구하여 그래프로 하는 워크시트를 작성해보자(그림 6.25).

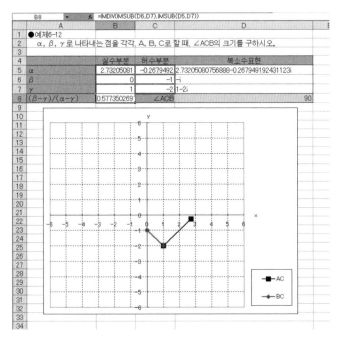

그림 6.25 [예제 6-12]의 워크시트

그래프의 데이터로 사용하기 위해 α, β, γ의 실수 부분과 허수 부분을 셀 범위 B5:C7에 입력한다. 이들에서 COMPLEX 함수를 사용하여 셀 범위 D5:D7에 복소수 표현의 문자열을 저장한다. 셀 D5의 수식은 [=COMPLEX(B5,C5)]이다. 셀 B8에 $\dfrac{\beta - \gamma}{\alpha - \gamma}$ 를 계산한다. 수식은 [=IMDIV(IMSUB(D6,D7),IMSUB(D5,D7))]이다. 셀 D7에 [=DEGREES(IMARGUMENT(B8))]을 입력하고, $\angle ACB$ 를 구한다.

그래프는 실수 부분을 x축으로, 허수 부분을 y축으로 하고, $A(\alpha)$와 $C(\gamma)$ 및 $B(\beta)$와 $C(\gamma)$를 선으로 연결한 2개 계열로 되는 산포도를 작성하고, 형식을 정비한다.

3개 복소수 α, β, γ를 $\alpha = (1 + \sqrt{3}) - (2 - \sqrt{3})i, \beta = -i, \gamma = 1 - 2i$로 하여 계산하면 $\angle ACB$는 [90(°)]로 된다.

제7장

여러 가지 곡선

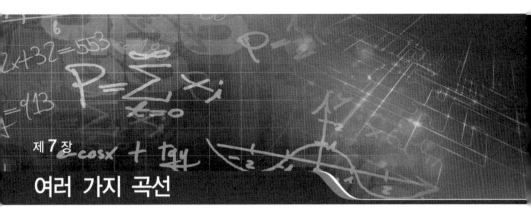

7.1 원과 타원

7.1.1 원의 방정식과 그래프

▌피타고라스 정리에서 원의 방정식으로

원이란 정점에서 거리가 일정한 점의 모임이다. 이것을 방정식으로 한다면 어떻게 표현하면 좋을까? 여기서도 피타고라스 정리를 사용한다.

좌표평면상에서 정점 C에서 일정 거리 r인 점 P의 집합은 중심이 C, 반경이 r인 원이고, 그 방정식은

$$CP = r$$

로 된다(그림 7.1).

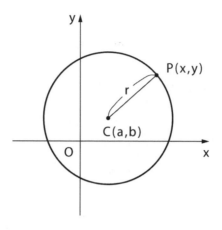

그림 7.1 원의 방정식

여기서, C 좌표를 (a, b)로 하고, P 좌표를 (x, y)로 하면 2점 간의 거리를 구하기 위해 피타고라스 정리를 이용하면

$$\sqrt{(x-a)^2 + (y-b)^2} = r$$

로 된다. 이 양변을 제곱하면

$$(x-a)^2 + (y-b)^2 = r^2$$

로 된다.

━━ 원의 방정식

중심 (a, b), 반경 r인 원의 방정식은

$$(x-a)^2 + (y-b)^2 = r^2$$

원점을 중심으로 하는 반경 r인 원의 방정식은

$$x^2 + y^2 = r^2$$

▌또 하나의 원의 방정식 모양

원의 방정식 $(x-a)^2 + (y-b)^2 = r^2$을 정리하면 다음과 같이 나타낼 수 있다.

$$(x^2 - 2ax + a^2) + (y^2 - 2by + b^2) = r^2$$

$$x^2 + y^2 - 2ax - 2by + a^2 + b^2 - r^2 = 0$$

여기서, $l = -2a$, $m = -2b$, $n = a^2 + b^2 - r^2$로 하면

$$x^2 + y^2 + lx + my + n = 0$$

로 된다. 원의 방정식을 구하거나 원과 직선의 공유점을 구할 때, 내림차순으로 정리해두는 것이 좋다.

예 제 7-1	다음 방정식에서 나타나는 원의 중심과 반경을 구하시오. $x^2 + y^2 + 6x - 8y - 11 = 0$

방정식은 다음과 같이 변형할 수 있다.

$$(x^2 + 6x) + (y^2 - 8y) = 11$$

$$(x^2 + 6x + 9) + (y^2 - 8y + 16) = 11 + 9 + 16$$

$$(x + 3)^2 + (y - 4)^2 = 36$$

$$(x + 3)^2 + (y - 4)^2 = 6^2$$

여기서, 중심 (−3, 4), 반경 6인 원이 된다.

▮Excel에서 원의 그래프를 그리다 ●Ref : [Math0701.xls]의 [7.1.1] 시트

원의 방정식으로 원의 그래프를 그려보자. 여기서는 원의 중심 좌표와 반경을 지정하고, 이들에서 그래프를 작성하는 것을 고려한다.

그림 7.2와 같은 워크시트를 작성한다.

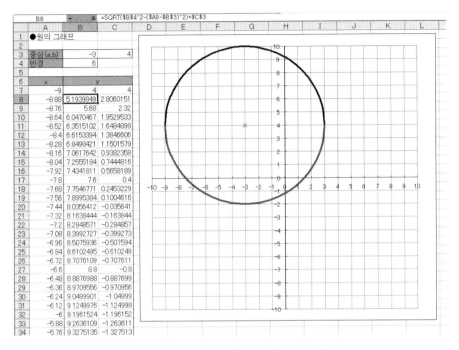

B8　=SQRT($B$4^2-($A8-$B$3)^2)+$C$3

	A	B	C
1	●원의 그래프		
2			
3	중심(a,b)	-3	4
4	반경	6	
5			
6	x		y
7	-9	4	4
8	-8.88	5.1939849	2.8060151
9	-8.76	5.68	2.32
10	-8.64	6.0470467	1.9529533
11	-8.52	6.3515102	1.6484898
12	-8.4	6.6153394	1.3846606
13	-8.28	6.8498421	1.1501579
14	-8.16	7.0617642	0.9382358
15	-8.04	7.2555184	0.7444816
16	-7.92	7.4341811	0.5658189
17	-7.8	7.6	0.4
18	-7.68	7.7546771	0.2453229
19	-7.56	7.8995384	0.1004616
20	-7.44	8.0356412	-0.035641
21	-7.32	8.1638444	-0.163844
22	-7.2	8.2848571	-0.284857
23	-7.08	8.3992727	-0.399273
24	-6.96	8.5075936	-0.507594
25	-6.84	8.6102495	-0.610249
26	-6.72	8.7076109	-0.707611
27	-6.6	8.8	-0.8
28	-6.48	8.8876988	-0.887699
29	-6.36	8.9709556	-0.970956
30	-6.24	9.0499901	-1.04999
31	-6.12	9.1249976	-1.124998
32	-6	9.1961524	-1.196152
33	-5.88	9.2636109	-1.263611
34	-5.76	9.3275135	-1.327513

그림 7.2 Excel에서 원의 그래프를 그리다.

셀 B3과 C3에 원의 중심 좌표(여기서는 [-3]과 [4])를, 셀 B4에 반경(여기서는 [6])을 입력한다.

우선, A열에 x좌표를 계산한다. 찍는 점이 작으면 예쁜 원이 되지 않으므로 여기서는 찍는 점을 101로 한다. x 좌표는 중심에서 ±반경의 범위이므로 셀 A7에 [=B3-B4]를 입력하고, x의 가장 작은 값을 계산한다. 셀 A8에 [=A7+$B$4*2/100]를 입력하고, x의 가장 작은 값에 직경의 1/100을 더한다. 셀 A8을 제106행까지 복사한다. 셀 A107에는 [=B3+B4]를 입력하고, x의 가장 큰 값을 계산한다.

다음으로 y 값을 계산한다. 원의 방정식 $(x-a)^2 + (y-b)^2 = r^2$을 변형하면 $y = \pm\sqrt{r^2-(x-a)^2} + b$로 되므로 B열에 $y = \sqrt{r^2-(x-a)^2} + b$를,

C열에 $y = -\sqrt{r^2 - (x-a)^2} + b$ 를 계산한다. 셀 B7에 [=SQRT($B$4^2-($A7-$B$3)^2)+$C$3], 셀 C7에 [=-SQRT($B$4^2-($A7-$B$3)^2)+$C$3]을 입력하고, 제107행까지 복사한다.

셀 범위 A7:C107에 [데이터 표식 없이 곡선으로 연결된 분산형]의 그래프를 작성한다. 또, 이 그래프로 원의 중심점을 표시하기 위해 [X의 값]에 셀 B3을, [Y의 값]에 셀 C3을 지정하는 계열을 추가한다.

마지막으로 찍는 범위를 정사각형으로 하고, [X(값) 축]과 [Y(값) 축]의 범위를 같게 한다. 또, 필요에 따라 눈금선을 추가하거나 눈금이나 데이터 표시 등의 서식을 정리한다.

예 제 7-2	원 $x^2 + y^2 = 5$와 직선 $y = -x+1$의 교점 좌표를 구하시오.

◆ 해 답

주어진 원과 직선의 방정식을 각각 (1)과 (2)로 한다.

$$x^2 + y^2 = 5 \tag{1}$$
$$y = -x+1 \tag{2}$$

(2)를 (1)에 대입하면 다음과 같이 계산할 수 있다.

$$x^2 + (-x+1)^2 = 5$$
$$x^2 + x^2 - 2x + 1 = 5$$
$$2x^2 - 2x - 4 = 0$$

$$x^2 - x - 2 = 0$$

이 방정식을 인수분해하면

$$(x+1)(x-2) = 0$$

$$x = -1, 2$$

로 된다. 이 식을 (2)에 대입하여

$$x = -1 \text{일 때}, \ y = 2$$

$$x = 2 \text{일 때}, \ y = -1$$

로 된다. 그러므로 구한 교점 좌표는 $(-1, 2)$, $(2, -1)$이다(그림 7.3).

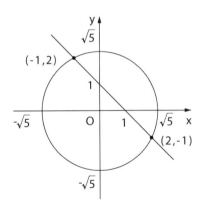

그림 7.3 [예제 7-2]의 해

7.1.2 타원의 방정식과 그래프

▌타원은 원을 겸하고 있나?

정사각형이 사각형에서 가장 특수한 모양, 즉 4변 모든 길이가 같고, 모든 각이 90°인 사각형인 것과 마찬가지로 원도 타원 모양의 하나이다.

타원의 방정식은 다음과 같다.

$$\frac{x^2}{a^2} + \frac{y^2}{b^2} = 1$$

이 식에서 $a^2 = b^2 = r^2$로 두면, 원의 방정식

$$x^2 + y^2 = r^2$$

로 된다.

▌타원의 방정식도 피타고라스 정리에서

타원의 방정식도 원과 마찬가지로 어떤 정점에서 거리가 일정하다는 정의에서 만들어진다. 단, 원과 달리 정점은 2점으로 된다. 구체적으로는 2정점 F, F'에서 거리 합이 일정한 점의 궤적을 타원이라 한다(그림 7.4). 또, 이때의 2정점 F, F'를 초점이라 한다.

$a > c > 0$로 하고, 2정점 F(c, 0), F'(−c, 0)을 초점으로 하고, 2개 초점 F, F'에서 거리 합이 $2a$인 점을 P (x, y)로 한다. 이때.

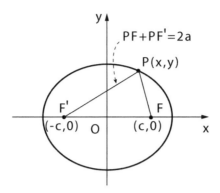

그림 7.4 타원의 방정식

$$PF = \sqrt{(x-c)^2 + y^2}$$

$$PF' = \sqrt{(x+c)^2 + y^2}$$

따라서,

$$\sqrt{(x-c)^2 + y^2} + \sqrt{(x+c)^2 + y^2} = 2a$$

가 성립한다. 이것을 계산하여 정리하면 다음과 같다.

$$\sqrt{(x-c)^2 + y^2} = 2a - \sqrt{(x+c)^2 + y^2}$$

$$(x-c)^2 + y^2 = 4a^2 - 4a\sqrt{(x+c)^2 + y^2} + (x+c)^2 + y^2$$

$$(x^2 - 2cx + c^2) = 4a^2 - 4a\sqrt{(x+c)^2 + y^2} + (x^2 + 2cx + c^2)$$

$$-2cx = 4a^2 - 4a\sqrt{(x+c)^2 + y^2} + 2cx$$

$$4a\sqrt{(x+c)^2+y^2} = 4a^2 + 4cx$$

$$a\sqrt{(x+c)^2+y^2} = a^2 + cx$$

$$a^2\{(x+c)^2+y^2\} = a^4 + 2a^2cx + c^2x^2$$

$$a^2(x^2+2cx+c^2)+a^2y^2 = a^4 + 2a^2cx + c^2x^2$$

$$(a^2-c^2)x^2+a^2y^2 = a^4 - a^2c^2$$

$$(a^2-c^2)x^2+a^2y^2 = a^2(a^2-c^2)$$

여기서, $a > c > 0$이므로 여기서도 피타고라스 정리를 사용한다. $a^2 - c^2 = b^2$ 로 두면 다음과 같다.

$$b^2x^2 + a^2y^2 = a^2b^2$$

마지막으로 이 양변을 a^2b^2로 나누면,

$$\frac{x^2}{a^2} + \frac{y^2}{b^2} = 1$$

로 된다. 이 식을 **타원 방정식의 표준형**이라 한다.

$a > c > 0$, $b = \sqrt{a^2 - c^2}$ 일 때, 2점 F(c, 0), F'(-c, 0)을 초점으로 하고,

초점에서 합이 $2a$인 타원의 방정식은

$$\frac{x^2}{a^2} + \frac{y^2}{b^2} = 1$$

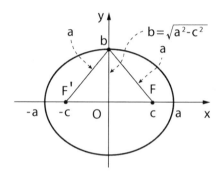

그림 7.5 타원의 방정식

예 제 7-3	2정점 (3, 0), (-3, 0)에서 거리 합이 10인 타원의 방정식을 구하시오.

◈ 해 답

구하고자 하는 타원의 방정식을

$$\frac{x^2}{a^2} + \frac{y^2}{b^2} = 1$$

로 한다. 그러면

$$2a = 10, \ a = 5$$

$$b^2 = a^2 - c^2 = 5^2 - 3^2 = 4^2, \ b = 4$$

$a = 5$, $b = 4$이므로 이 타원의 방정식은

$$\frac{x^2}{5^2} + \frac{y^2}{4^2} = 1$$

로 된다.

▎Excel에서 타원의 그래프를 그리다　● Ref : [Math0701.xls]의 [7.1.2] 시트

타원의 그래프를 그려보자. 여기서는 2개 초점 F(c, 0), F'(−c, 0)의 c와 초점에서 거리 합 $2a$를 지정하고, 이들로 그래프를 작성하는 것을 고려한다.

그림 7.6과 같은 워크시트를 작성한다.

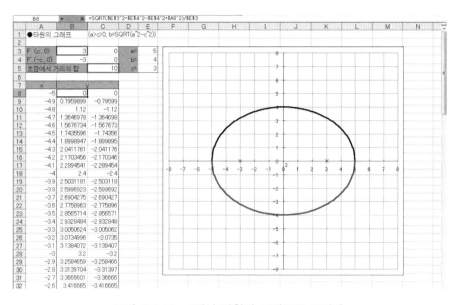

그림 7.6 Excel에서 타원의 그래프를 그리다.

셀 B3에 c(여기서는 [3])을, 셀 C5에 $2a$(여기서는 [10])를 입력한다.

우선, 셀 E3에 [=C5/2]를 입력하여 a를 계산한다. 셀 E4에 [=SQRT(E3^2 −B3^2)]를 입력하고 b를 계산한다. $c = 3$, $2a = 10$일 때, $a = 5$, $b = 4$로 된다.

다음으로 A열에 x 좌표를 계산한다. 여기서는 찍는 점을 101로 한다. x 좌표는 원점에서 $\pm a$ 범위이므로 셀 A8에 [=−E3]을 입력하고, x의 가장 작은 값을 계산한다. 셀 A8에 [=A7+$C$5/100]을 입력하고, x의 가장 작은 값에 장축(또는, 단축)의 1/100을 더한다. 셀 A8을 제107행까지 복사한다. 셀 A108 에는 [=E3]을 입력하고, x의 가장 큰 값을 계산한다.

다음으로 y 값을 계산한다. 타원의 방정식 $b^2x^2 + a^2y^2 = a^2b^2$을 변형하면 $y = \pm \sqrt{\dfrac{a^2b^2 - b^2x^2}{a}}$ 로 되므로, B열에 $y = \sqrt{\dfrac{a^2b^2 - b^2x^2}{a}}$ 을, C열에 $y =$

$-\sqrt{\dfrac{a^2b^2-b^2x^2}{a}}$ 을 계산한다. 셀 B8에 [=SQRT(\$E\$3^2*\$E\$4^2−\$E\$4^2*

A8^2)/\$E\$3], 셀 C8에 [=−SQRT(\$E\$3^2*\$E\$4^2−\$E\$4^2*A8^2)/\$E\$3]을
입력하고, 제108행까지 복사한다.

셀 범위 A8:C108에 [데이터 표식 없이 곡선으로 연결된 분산형]의 그래프
를 작성한다. 또, 이 그래프에 초점을 표시하기 위해 [X의 값]에 셀 B3과 B4
를, [Y의 값]에 셀 C3과 C4를 지정하는 계열을 추가한다.

마지막으로 찍는 범위를 정사각형으로 하고, [X(값) 축]과 [Y(값) 축]의 범
위를 같게 한다. 또, 필요에 따라 눈금선을 추가하거나 눈금이나 데이터 표시
등의 서식을 정리한다.

7.2 포물선과 쌍곡선

7.2.1 포물선의 방정식과 그래프

▌포물선의 방정식은 1개가 아닌가?

포물선이라 하면 $y=ax^2+bx+c$ 또는 $y=ax^2$ 을 떠올린다. 이것은 2.3절
에서 다루었다. 여기서는 다른 관점에서 포물선에 대하여 다루어 보고자 한다.

포물선 모양을 따른 것은 일상적인 것에서는 파라볼라 안테나(parabola
antenna) 단면 등이 있다. 파라볼라 안테나를 2개로 나누어 그 단면을 좌표평
면상에 나타내면 어떤 방정식으로 될까? 다시 한 번 포물선의 방정식을 고려
해보자.

▌포물선의 방정식도 거리를 일정하게 하는 궤적에서

포물선의 정의도 어떤 조건을 만족하는 점의 궤적, 구체적으로 거리가 일정한 것을 연결한 것이다. 결국은 또 다른 근본 토대에는 피타고라스 정리가 잠재되어 있다. 기하학적으로 포물선은 [평면상에서 정직선과 이 정직선상이 아닌 정점 F에서 거리가 같은 점 P의 궤적]이라고 정의한다. 이 정점 F를 초점, 정직선을 준선이라 한다(그림 7.7).

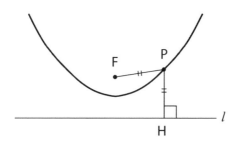

그림 7.7 포물선의 정의

먼저, y축상의 점 F(0, p)를 초점으로 하고, 직선 $y = -p$를 준선으로 하는 포물선의 방정식을 구해본다.

포물선상의 점 P(x, y)에서 준선으로 내린 수직선을 PH로 하면

$$PF = PH$$

가 성립한다(그림 7.8). 그러면

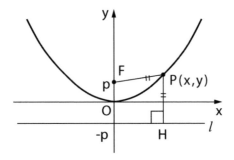

그림 7.8 포물선의 방정식 (1)

$$PF = \sqrt{x^2 + (y-p)^2}$$

$$PH = |y+p|$$

이므로

$$\sqrt{x^2 + (y-p)^2} = |y+p|$$

로 된다. 이것을 계산하여 정리하면 다음과 같다.

$$x^2 + (y-p)^2 = (y+p)^2$$

$$x^2 + y^2 - 2py + p^2 = y^2 + 2py + p^2$$

$$x^2 = 4py$$

다음으로 내용은 같지만 x축상의 점 F(p, 0)를 초점으로 하고, 직선 $x = -p$ 를 준선으로 하는 포물선의 방정식을 구해보자.

포물선상의 점 $p(x, y)$에서 준선으로 내린 수직선을 PH로 하면

PF=PH

이 성립한다(그림 7.9). 그러면

$$PF = \sqrt{(x-p)^2+y^2}$$
$$PH = |x+p|$$

이므로

$$\sqrt{(x-p)^2+y^2} = |x+p|$$

로 된다. 이것을 계산하여 정리하면 다음과 같다.

$$(x-p)^2+y^2 = (x+p)^2$$
$$x^2-2px+p^2+y^2 = x^2+2px+p^2$$
$$y^2 = 4px$$

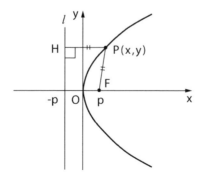

그림 7.9 포물선의 방정식 (2)

초점 F(0, p), 준선 $y = -p$인 포물선의 방정식은

$$x^2 = 4py \text{ 또는, } y = \frac{1}{4p}x^2$$

초점 F(p, 0), 준선 $x = -p$인 포물선의 방정식은

$$y^2 = 4px$$

예 제 **7-4**	다음 포물선의 방정식을 구하고, 개략적인 모양을 그리시오 (1) 초점 $\left(0, \frac{1}{4}\right)$, 준선 $y = \frac{1}{4}$ (2) 초점 $(2, 0)$, 준선 $x = -2$

▶ **해 답**

(1) 초점 $\left(0, \frac{1}{4}\right)$, 준선 $y = \frac{1}{4}$인 포물선은

$$x^2 = 4py = 4 \times \frac{1}{4} \times y$$

그러므로 다음 방정식으로 된다.

$$x^2 = y \text{ 에서 } y = x^2$$

▎**Excel에서 타원의 그래프를 그리다** ● Ref : [Math0702.xls]의 [예제 7-4 (1)] 시트

초점 F(0, p), 준선 $y = -p$인 포물선의 그래프를 그려보자. 여기서는 p를 지정하고, 이들에서 그래프를 작성하는 것을 고려한다.

그림 7.10과 같은 워크시트를 작성한다.

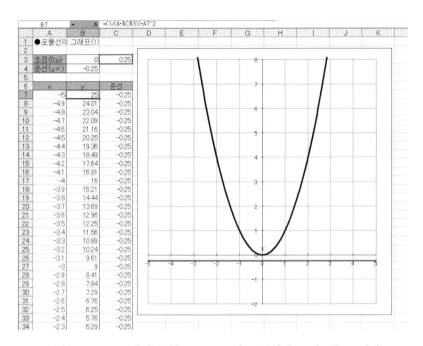

그림 7.10 Excel에서 준선 $y = -p$인 포물선의 그래프를 그리다.

셀 B3에 [0], 셀 C3에 p(여기서는 [0.25])를 입력한다. 셀 B4에 [=−C3]을
입력하여 −p를 저장한다.

A열에 x 좌표를 준비한다. 여기서는 −5 ~ 5까지 범위로 0.1씩 연속 데이터
를 작성한다.

B열에 y 값을 계산한다. $y = \dfrac{1}{4p}x^2$ 에서 셀 B7에 [=(1/(4*\$C\$3))*A7^2]를
입력하고, 제107행까지 복사한다.

C열에 준선의 그래프 데이터를 작성한다. 셀 C7에 [=\$B\$4]를 입력하고, 제
107행까지 복사한다.

셀 범위 A7:C107에 [데이터 표식 없이 곡선으로 연결된 분산형]의 그래프
를 작성한다. 또 이 그래프에 초점을 표시하기 위해 [X의 값]에 셀 B3을, [Y

의 값]에 셀 C3을 지정하는 계열을 추가한다.

필요에 따라 눈금선을 추가하거나 눈금이나 데이터 표시 등의 서식을 정리한다.

(2) 초점 $(2, 0)$, 준선 $x = -2$인 포물선은

$$y^2 = 4px = 4 \times 2 \times x$$

그러므로 다음 방정식으로 된다.

$$y^2 = 8x$$

▌Excel에 의한 그래프 작성   • Ref : [Math0702.xls]의 [예제 7-4 (2)] 시트

초점 $F(p, 0)$, 준선 $x = -p$인 포물선의 그래프를 그려보자. 여기서는 p를 지정하고, 이들에서 그래프를 작성하는 것을 고려한다.

그림 7.11과 같은 워크시트를 작성한다.

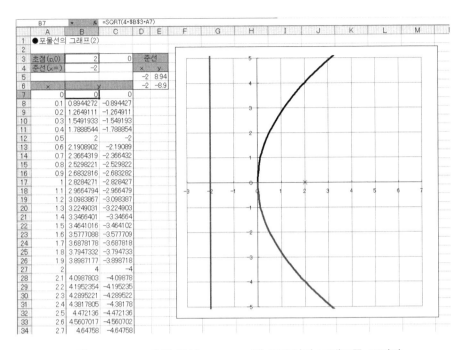

	B7	▼	fx	=SQRT(4*$B$3*A7)									
	A	B	C	D	E	F	G	H	I	J	K	L	M
1	●포물선의 그래프(2)												
2													
3	초점(p,0)	2	0	준선									
4	준선(x=)	-2		x	y								
5				-2	8.94								
6	x		y	-2	-8.9								
7	0	0	0										
8	0.1	0.8944272	-0.894427										
9	0.2	1.2649111	-1.264911										
10	0.3	1.5491933	-1.549193										
11	0.4	1.7888544	-1.788854										
12	0.5	2	-2										
13	0.6	2.1908902	-2.19089										
14	0.7	2.3664319	-2.366432										
15	0.8	2.5298221	-2.529822										
16	0.9	2.6832816	-2.683282										
17	1	2.8284271	-2.828427										
18	1.1	2.9664794	-2.966479										
19	1.2	3.0983867	-3.098387										
20	1.3	3.2249031	-3.224903										
21	1.4	3.3466401	-3.34664										
22	1.5	3.4641016	-3.464102										
23	1.6	3.5777088	-3.577709										
24	1.7	3.6878178	-3.687818										
25	1.8	3.7947332	-3.794733										
26	1.9	3.8987177	-3.898718										
27	2	4	-4										
28	2.1	4.0987803	-4.09878										
29	2.2	4.1952354	-4.195235										
30	2.3	4.2895221	-4.289522										
31	2.4	4.3817805	-4.38178										
32	2.5	4.472136	-4.472136										
33	2.6	4.5607017	-4.560702										
34	2.7	4.64758	-4.64758										

그림 7.11 Excel에서 준선 $x = -p$인 포물선의 그래프를 그리다.

셀 B3에 p(여기서는 [2])를, 셀 C3에 [0]을 입력한다. 셀 B4에 [=-B3]을 입력하여 $-p$를 저장한다.

A열에 x 좌표를 준비한다. 여기서는 0 ~ 10까지 범위로 0.1씩 연속 데이터를 작성한다.

B열과 C열에 y 값을 계산한다. $y^2 = 4px$에서 $y = \pm \sqrt{4px}$ 이므로 셀 B7에 [=SQRT(4*$B$3*A7)], 셀 C7에 [=-SQRT(4*$B$3*A7)]을 입력하고, 제107행까지 복사한다.

셀 범위 D5:E6에 준선의 그래프 데이터를 작성한다. 셀 D5와 D6에 [=$B$4], 셀 E5에 [=B107], 셀 E6에 [=C107]을 입력한다.

셀 범위 A7:C107에 [데이터 표식 없이 곡선으로 연결된 분산형]의 그래프를 작성한다. 또, 이 그래프에 초점을 표시하기 위해 [X의 값]에 셀 B3을, [Y의 값]에 셀 C3을 지정하는 계열을 추가한다. 더욱이 준선을 표시하기 위해 [X의 값]에 셀 D5와 D6을, [Y의 값]에 셀 E5와 E6을 지정하는 계열을 추가한다.

필요에 따라 눈금선을 추가하거나 눈금이나 데이터 표시 등의 서식을 정리한다.

7.2.2 쌍곡선의 방정식과 그래프

█ 타원의 방정식과 쌍곡선의 방정식

비슷하나 다르다라는 말이 있다. 어떤 의미에서 타원의 방정식과 쌍곡선의 방정식도 그렇게 말할 수 있을지도 모른다. 이 2개 방정식을 보면

· 타원의 방정식

$$\frac{x^2}{a^2} + \frac{y^2}{b^2} = 1$$

· 쌍곡선의 방정식

$$\frac{x^2}{a^2} - \frac{y^2}{b^2} = 1$$

로 된다. 근소한 차이는 플러스(+)와 마이너스(−)의 부호 1개뿐이다. 방정식은 아주 비슷하여도 그래프의 모양은 다르다. 방정식의 차이가 그래프 형태에 어떤 영향을 주는지를 고려하는 것이 쌍곡선의 방정식을 구하는 것 이상으로 중요한 것인지도 모른다.

▌포물선의 방정식도 거리를 일정하게 하는 궤적에서

평면상의 2정점 F, F'에서 거리의 차가 일정하도록 한 점 P의 궤적을 쌍곡선이라 한다. 또한, 2정점 F, F'을 그 초점이라 한다(그림 7.12).

$c > a > 0$로 하고, x축상의 2정점 F(c, 0), F'(−c, 0)을 초점으로 하고, 2개 초점 F, F'에서 거리 차이가 $2a$인 점을 P(x, y)로 한다. 이때.

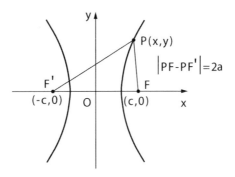

그림 7.12 쌍곡선의 정의

$$|\mathrm{PF} - \mathrm{PF}'| = 2a$$

$$\mathrm{PF} - \mathrm{PF}' = \pm 2a$$

가 성립한다. 그러면

$$\mathrm{PF} = \sqrt{(x-c)^2 + y^2}$$

$$\mathrm{PF}' = \sqrt{(x+c)^2 + y^2}$$

이므로

$$\sqrt{(x-c)^2+y^2} \,-\, \sqrt{(x+c)^2+y^2} = \pm 2a$$

로 된다. 이것을 계산하여 정리하면 다음과 같다.

$$\sqrt{(x-c)^2+y^2} = \sqrt{(x+c)^2+y^2} \pm 2a$$

$$(x-c)^2+y^2 = (x+c)^2+y^2 \pm 4a\sqrt{(x+c)^2+y^2} + 4a^2$$

$$\pm 4a\sqrt{(x+c)^2+y^2} = 4a^2 + 4cx$$

$$\pm a\sqrt{(x+c)^2+y^2} = a^2 + cx$$

$$a^2\{(x+c)^2+y^2\} = a^4 + 2a^2cx + c^2x^2$$

$$a^2(x^2+2cx+c^2) + a^2y^2 = a^4 + 2a^2cx + c^2x^2$$

$$(a^2-c^2)x^2 + a^2y^2 = a^2(a^2-c^2)$$

여기서, $c > a > 0$에서 이전과 같이 피타고라스 정리를 사용한다. $c^2 - a^2 = b^2$로 두면, 다음과 같다.

$$(c^2-a^2)x^2 - a^2y^2 = a^2(c^2-a^2)$$

$$b^2x^2 - a^2y^2 = a^2b^2$$

끝으로 이 양변을 a^2b^2로 나누면

$$\frac{x^2}{a^2} - \frac{y^2}{b^2} = 1$$

로 된다. 이 식을 **쌍곡선 방정식의 표준형**이라 한다.

또, 이 쌍곡선의 점근선은 2직선

$$y = \frac{b}{a}x,\ y = -\frac{b}{a}x$$

로 된다(그림 7.13).

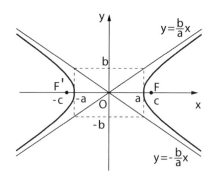

그림 7.13 쌍곡선의 방정식 (1)

이번은 y축상의 2정점 F(0, c), F'(0, −c)를 초점으로 하고, 2개 초점 F, F'에서 거리 차이가 $2a$인 점을 P(x, y)로 한다($c > a > 0$). 그러면 y축을 주축으로 하는 쌍곡선의 방정식은 x와 y를 바꾸는 것이 되므로

$$\frac{y^2}{a^2} - \frac{x^2}{b^2} = 1$$

로 된다. 그러면 그림 7.14에서 a와 b도 바꿀 필요가 있으므로

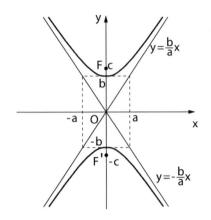

그림 7.14 쌍곡선의 방정식 (2)

$$\frac{y^2}{b^2} - \frac{x^2}{a^2} = 1$$

$$\frac{x^2}{a^2} - \frac{y^2}{b^2} = -1$$

로 된다. 이것은 x축을 주축으로 하는 쌍곡선의 방정식으로 된다.

이때도 점근선은 2직선

$$y = \frac{b}{a}x, \ y = -\frac{b}{a}x$$

로 된다.

$c > a > 0$, $b = \sqrt{c^2 - a^2}$ 일 때, 2점 F(c, 0), F'(-c, 0)을 초점으로 하고,

2개 초점 F, F'에서 거리 차이가 $2a$인 쌍곡선의 방정식은

$$\frac{x^2}{a^2} - \frac{y^2}{b^2} = 1$$

$c > a > 0$, $b = \sqrt{c^2 - a^2}$ 일 때, 2점 F(0, c), F'(0, -c)를 초점으로 하고,

2개 초점 F, F'에서 거리 차이가 $2a$인 쌍곡선의 방정식은

$$\frac{x^2}{a^2} - \frac{y^2}{b^2} = -1$$

점근선은 2직선

$$y = \frac{b}{a}x, \; y = -\frac{b}{a}x$$

예 제 7-5	다음 쌍곡선의 정점, 초점의 좌표 및 점근선의 방정식을 구하시오. 또한, 쌍곡선의 개략적인 모양을 그리시오. (1) $\dfrac{x^2}{9} - \dfrac{y^2}{16} = 1$ (2) $\dfrac{x^2}{16} - \dfrac{y^2}{9} = -1$

▶ 해 답

(1) $\dfrac{x^2}{3^2} - \dfrac{y^2}{4^2} = 1$에서

$$a = 3, \; b = 4$$

정점은 $(a, 0)$, $(-a, 0)$에서 $(3, 0)$, $(-3, 0)$

$$c = \sqrt{a^2 + b^2} = \sqrt{3^2 + 4^2} = 5$$

초점은 $(c, 0)$, $(-c, 0)$에서 $(5, 0)$, $(-5, 0)$

또한, 점근선은 $y = \pm \dfrac{b}{a} x$ 에서 2직선

$$y = \frac{4}{3} x, \ y = -\frac{4}{3} x$$

로 된다.

▌Excel에 의한 그래프 작성 ● Ref : [Math0702.xls]의 [예제 7-5 (1)] 시트

$\dfrac{x^2}{3^2} - \dfrac{y^2}{4^2} = 1$의 그래프를 그려보자. 여기서는 $\dfrac{x^2}{a^2} - \dfrac{y^2}{b^2} = 1$의 a와 b를

지정하고, 이들에서 그래프를 작성하는 것을 고려한다.

그림 7.15와 같은 워크시트를 작성한다.

셀 B3에 a(여기서는 [3])를, 셀 C3에 b(여기서는 [4])를 입력한다. 셀 범위 B5:C6에 초점 좌표를 저장한다. $c = \pm \sqrt{a^2 + b^2}$ 이므로 셀 B5에는 [=SQRT (B3^2+B4^2)], 셀 B6에는 [=−SQRT(B3^2+B4^2)]를 입력한다. 셀 C5와 C6 에는 [0]을 입력한다.

A열에 마이너스(−) 측의 x 좌표를 준비한다. 여기서는 $-b$에서 0.1씩 -10 까지 연속 데이터를 작성한다. 셀 A9에 [=−B3], 셀 A10에 [=A9−0.1]을 입력

한다. 셀 A10을 제79행까지 복사하면 셀 A79의 계산결과는 [−10]으로 된다.

　B열과 C열에 A열의 x에 대응하는 y 값을 계산한다. $y = \pm \dfrac{b}{a} \sqrt{x^2 - a^2}$ 이

므로 셀 B9에 [=$B$4/$B$3*SQRT(A9^2−$B$3^2)], 셀 C9에 [=−$B$4/$B

$3*SQRT(A9^2−$B$3^2)]를 입력하고, 제79행까지 복사한다.

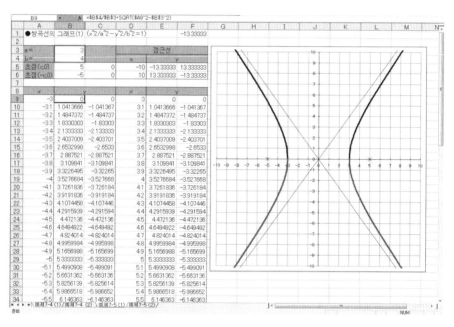

그림 7.15 Excel에서 쌍곡선의 그래프를 그리다. (1)

　다음으로 D열에 플러스(+) 측의 x 좌표를 준비한다. 여기서는 b에서 0.1씩

10까지 연속 데이터를 작성한다. 셀 D9에 [=B3], 셀 D10에 [=D9+0.1]을 입

력하고, 셀 D10을 제79행까지 복사한다.

　마찬가지로 E열과 F열에 D열의 x에 대응하는 y 값을 계산한다. 셀 E9에

[=$B$4/$B$3*SQRT(D9^2−$B$3^2)], 셀 F9에 [=−$B$4/$B$3*SQRT(D9^

$2-\$B\$3^2)$]를 입력하고, 제79행까지 복사한다.

셀 범위 D5:F6에 점근선을 그래프로 하는 데이터를 작성한다. 셀 D5에 [−10], 셀 E5에 [=\$B\$4/\$B\$3*D5], 셀 F5에 [=−\$B\$4/\$B\$3*D5], 셀 D6에 [10], 셀 E6에 [=\$B\$4/\$B\$3*D6], 셀 F6에 [=−\$B\$4/\$B\$3*D6]을 입력한다.

작성한 데이터로 그래프를 작성한다. 우선, 셀 범위 A9:C79에서 [데이터 표식 없이 곡선으로 연결된 분산형]의 그래프를 작성한다. 다음으로 [X의 값]에 셀 범위 D9:D79를, [Y의 값]에 셀 범위 E9:E79를 지정하는 계열과 [X의 값]에 셀 범위 D9:D79를, [Y의 값]에 셀 범위 F9:F79를 지정하는 계열을 추가한다. 또, 이 그래프의 초점을 표시하기 위해 [X의 값]에 셀 B5와 B6을, [Y의 값]에 셀C5와 C6을 지정하는 계열을 추가한다. 더욱이 점근선을 표시하기 위하여 [X의 값]에 셀 D5와 D6을, [Y의 값]에 셀 E5와 E6을 지정하는 계열과 [X의 값]에 셀 D5와 D6을, [Y의 값]에 셀 F5와 F6을 지정하는 계열을 추가한다.

필요에 따라 눈금선을 추가하거나 눈금이나 데이터 표시 등의 서식을 정리한다.

(2) $\dfrac{x^2}{4^2} - \dfrac{y^2}{3^2} = -1$ 에서

$$a = 4,\ b = 3$$

정점은 $(0, b)$, $(0, -b)$에서 $(0,\ 3)$, $(0,\ -3)$.

$$c = \sqrt{a^2 + b^2} = \sqrt{4^2 + 3^2} = 5$$

초점은 $(0, c)$, $(0, -c)$에서 $(0, 5)$, $(0, -5)$.

또한, 점근선은 $y = \pm\dfrac{b}{a}x$에서 2직선

$$y = \frac{4}{3}x, \ y = -\frac{4}{3}x$$

로 된다.

▌Excel에 의한 그래프 작성

●Ref : [Math0702.xls]의 [예제 7–5 (2)] 시트

$\dfrac{x^2}{4^2} - \dfrac{y^2}{3^2} = -1$의 그래프를 그려보자. 여기서는 $\dfrac{x^2}{a^2} - \dfrac{y^2}{b^2} = -1$의 a와 b

를 지정하고, 이들에서 그래프를 작성하는 것을 고려한다.

그림 7.16과 같은 워크시트를 작성한다.

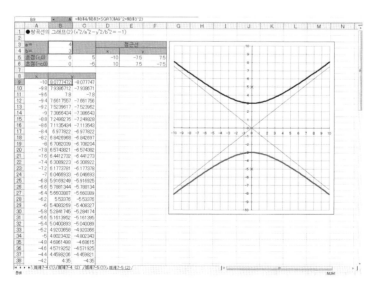

그림 7.16 Excel에서 쌍곡선의 그래프를 그리다. (2)

셀 B3에 a(여기서는 [4])를, 셀 B4에 b(여기서는 [3])를 입력한다. 셀 범위 B5:C6에 초점 좌표를 저장한다. 셀 B5와 B6에는 [0]을 입력한다.

$c = \pm \sqrt{a^2 + b^2}$ 이므로 셀 C5에는 [=SQRT(B3^2+B4^2)], 셀 C6에는 [=−SQRT(B3^2+B4^2)]를 입력한다.

A열에 x 좌표를 준비한다. 여기서는 셀 범위 A9:A109에 −10에서 0.2씩 10까지 연속 데이터를 작성한다.

B열과 C열에 A열의 x에 대응하는 y 값을 계산한다. $y = \pm \dfrac{b}{a} \sqrt{x^2 + a^2}$ 이므로 셀 B7에 [=$B$4/$B$3*SQRT(A9^2+$B$3^2)], 셀 C7에 [=−$B$4/$B$3*SQRT(A9^2+$B$3^2)]를 입력하고, 제109행까지 복사한다.

셀 범위 D5:F6에 점근선을 그래프로 하는 데이터를 작성한다. 셀 D5에 [−10], 셀 E5에 [=$B$4/$B$3*D5], 셀 F5에 [=−$B$4/$B$3*D5], 셀 D6에 [10], 셀 E6에 [=$B$4/$B$3*D6], 셀 F6에 [=−$B$4/$B$3*D6]을 입력한다.

작성한 데이터로 그래프를 작성한다. 우선, 셀 범위 A9:C109에서 [데이터 표식 없이 곡선으로 연결된 분산형]의 그래프를 작성한다. 또, 이 그래프의 초점을 표시하기 위해 [X의 값]에 셀 B5와 B6을, [Y의 값]에 셀 C5와 C6을 지정하는 계열을 추가한다. 더욱이 점근선을 표시하기 위하여 [X의 값]에 셀 D5와 D6을, [Y의 값]에 셀 E5와 E6을 지정하는 계열과 [X의 값]에 셀 D5와 D6을, [Y의 값]에 셀 F5와 F6을 지정하는 계열을 추가한다.

필요에 따라 눈금선을 추가하거나 눈금이나 데이터 표시 등의 서식을 정리한다.

제8장

미분 · 적분과 응용

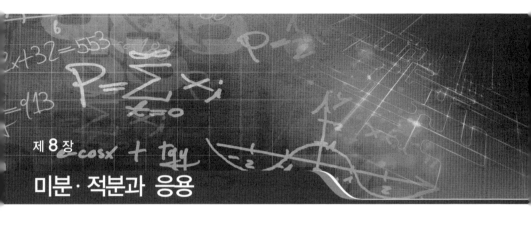

8.1 미분 (1) – 도함수

8.1.1 도함수와 그래프

▌도함수

시속 60km로 달리는 자동차는 30분에 30km, 60분에 60km 나아갈 것이다. 속도와 시간을 알면 나아간 거리도 명확히 결정된다. 그러나 실제에서는 일정 속도로 계속해서 달리는 것은 별로 없다. 여기서, 속도 자체가 변화하고, 속도 가 시간에 따라 결정되는 함수이면 거리도 시간 함수로 된다. 거리 함수는 속 도 함수에 따라 결정이 유도된다.

변화하는 것은 속도만 있는 것이 아니다. 환율이라든가, 주가 오름과 내림 등 일상생활의 잡다한 것이 변화하고 있다. 사람은 그 변화에 연이어서 다음 은 어떻게 되는지를 예측한다. 현실에서 일어나는 결과에 대하여 예측의 순간

순간의 값이나 사건을 함수로 표현할 때 그것이 도함수가 될 것이다.

▌미분계수와 도함수

일반적으로 함수 $y=f(x)$의 x가 a에서 $a+h$까지 변화할 때

$$(\text{평균변화율})= \frac{f(a+h)-f(a)}{h}$$

로 된다(그림 8.1). 이 h가 무한이 0에 가까워지면, 그것은 a에서 순간의 값이
된다. 식으로 나타내면

$$\lim_{h \to 0} \frac{f(a+h)-f(a)}{h}$$

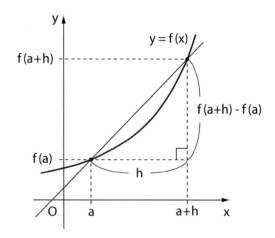

그림 8.1 순간변화율

로 되고 이 함수를 기호 $f'(a)$로 나타내고, $y = f(x)$의 $x = a$에서 **미분계수** 또는 **변화율**이라 한다.

그래서 a는 문자이지만 변수가 아닌 상수이다. 그러므로 함수 $f(x)$의 미분계수 값은 a 값에 대하여 1개씩 정해진다. 그래서 a를 변수 x로 치환하면 미분계수 $f'(x)$는 새로운 함수로 된다. 이 새롭게 구한 함수 $f'(x)$를 원래 함수의 **도함수**라 한다. 더욱이 x의 함수 $f(x)$에서 그 도함수 $f'(x)$를 구하는 것을 $f(x)$를 x에 대하여 **미분**한다 또는, 단순히 미분이라 한다. 함수 $y = f(x)$의 도함수는 $f'(x)$ 이외에

$$y', \{f(x)\}', \frac{dy}{dx}, \frac{d}{dx}f(x)$$

등으로도 쓴다.

■— 도함수

$$f'(x) = \lim_{h \to 0} \frac{f(a+h) - f(a)}{h}$$

예 제 8–1	다음 함수를 미분하시오. (1) $y = x$ (2) $y = x^2$ (3) $y = x^3$

해 답

(1)
$$f'(x) = \lim_{h \to 0} \frac{f(a+h) - f(a)}{h} = \lim_{h \to 0} \frac{(x+h) - x}{h}$$

$$= \lim_{h \to 0} \frac{h}{h} = \lim_{h \to 0} 1 = 1$$

(2)
$$f'(x) = \lim_{h \to 0} \frac{f(a+h) - f(a)}{h} = \lim_{h \to 0} \frac{(x+h)^2 - x^2}{h}$$

$$= \lim_{h \to 0} \frac{x^2 + 2xh + h^2 - x^2}{h} = \lim_{h \to 0} \frac{2xh + h^2}{h}$$

$$= \lim_{h \to 0} (2x + h) = 2x$$

(3)
$$f'(x) = \lim_{h \to 0} \frac{f(a+h) - f(a)}{h} = \lim_{h \to 0} \frac{(x+h)^3 - x^3}{h}$$

$$= \lim_{h \to 0} \frac{x^3 + 3x^2h + 3xh^2 + h^3 - x^3}{h} = \lim_{h \to 0} \frac{3x^2h + 3xh^2 + h^3}{h}$$

$$= \lim_{h \to 0} (3x^2 + 3xh + h^2) = 3x^2$$

■ x^n 의 도함수

예제 8-1 결과에서 다음과 같이 할 수 있다.

$n = 1, 2, 3, \cdots$ 일 때, 함수 $y = x^n$ 도함수는

$$(x^n)' = nx^{n-1}$$

로 된다.

예 제 8-2	다음 함수를 미분하시오. (1) $y = 7x^2 - 12x + 8$ (2) $y = (2x-3)(3x+8)$

해 답

(1) $y' = (7x^2 - 12x + 8)'$

$\quad = 7(x^2)' - 12(x)' + (8)'$

$\quad = 7 \cdot 2x - 12 \cdot 1 + 0$

$\quad = 14x - 12$

(2) $y = (2x-3)(3x+8) = 6x^2 + 7x - 24$, 그러므로

$\quad y' = 12x + 7$

▌함수와 도함수 그래프

원래 함수와 도함수 그래프를 함께 다루어보자. 예로서 자유낙하 문제를 고려해보자.

정지하고 있는 물체가 낙하할 때, 낙하 시작에서 t초 사이에 낙하하는 거리를 y m, 중력가속도를 g로 하면

$$y = \frac{1}{2}gt^2$$

라는 관계가 있다. 단, 여기서는 공기저항을 무시한다.

이 y는 경과시간 t의 함수로 t에서 낙하거리를 나타낸다. 중력가속도 g를

9.8m/s^2로 할 때, 이것의 도함수를 구한다.

$$y' = \left(\frac{1}{2}gt^2\right)' = gt = 9.8t$$

구한 도함수는 경과시간 t에서 물체의 빠르기 v이다.

$$v = y' = 9.8t, \; y = \frac{1}{2}gt^2 = 4.9t^2$$

여기서, Excel을 사용하여 경과시간 t에서 자유낙하 속도나 거리를 계산하고, 표와 그래프를 그리고, 변화를 조사해보자.

그림 8.2와 같은 워크시트를 작성한다. 여기서는 A열에 경과시간(0 ~ 100초), B열에 속도, C열에 거리를 구한다.

우선, 제목으로 셀 A3에 [t], 셀 B3에 [v=9.8t], 셀 C3에 [y=4.9t^2]를 입력해 놓는다.

셀 범위 A4:A104에 0 ~ 100의 연속 데이터를 작성한다. 셀 B4에 [9.8*A4]를 입력하고 제104행까지 복사한다. 셀 C4에 [4.9*A4^2]를 입력하고, 제104행까지 복사한다. 이것에서 그래프의 원본이 되는 데이터를 계산할 수 있다.

다음으로 셀 범위 B3:C104를 선택하고 차트 마법사를 사용하여 꺾은선 그래프를 작성한다. 이때 [차트 마법사-4단계 중 2단계-차트 종류]의 [계열] 탭에서 [항목축 레이블 사용] 상자에 셀 범위 A4:A104를 지정해둔다.

여기서 작성된 그래프는 세로축에 거리만을 나타내므로 다음과 같이 하여 B열의 속도는 다른 제2축을 할당한다.

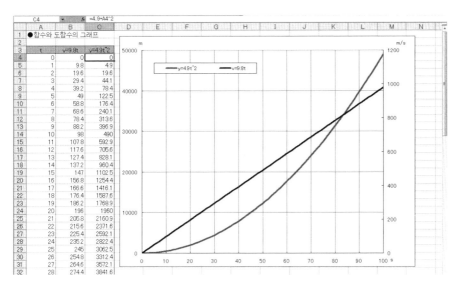

그림 8.2 자유낙하 속도와 거리 ● Ref : [Math0801.xls]의 [8.1.1] 시트

1. 그래프가 활성화된 상태에서 [차트]-[원본 데이터] 메뉴를 선택하고, [원
   본 데이터] 다이얼로그 상자의 [계열] 탭을 클릭한다.

2. [차트] 도구막대에서 [계열 "v=9.8t"]를 선택하여 [서식설정] 버튼을 클릭
   한다.

3. [데이터 계열의 서식설정] 다이얼로그 상자의 [축] 탭에서 [사용하는 축]에
   [제2축(상/우측)]을 지정한다.

이것으로 좌측의 주축에 거리를, 우측의 제2축에 속도를 나타내는 차트를
완성하였다. 필요에 따라 양식을 정리한다.

표와 그래프에서 속도는 경과시간마다 일정 비율로 증가하고, 거리는 경과
시간이 진행될수록 증가 비율이 늘어나는 것을 알 수 있다.

8.1.2 도함수의 응용

▌ 롤러코스터(roller coaster)와 미분

잠시 무서운 상상을 해보자. 만약 롤러코스터가 사나운 속도로 달릴 때 레일(철로)에서 벗어나가 버리면 어떤 방위로 튀어나갈까? 롤러코스터가 구르는 레일 궤도를 어떤 함수로 표현할 수 있다. 이때, 이 함수를 미분한 것이 튀어나온 방향을 알려주게 된다. 실제로 튀어나오지 않아도, 롤러코스터에서 정면을 보고 몸을 움직이지 않으면서 타고 있다고 하면, 자신이 보고 있는 방향이 그 롤러코스터 궤도함수의 순간 순간을 미분한 것이 된다. 극단적으로 말하면 미분을 보거나 체험하거나 할 수도 있다는 것이다.

우리들은 지구가 둥글다는 것을 알고 있다. 그러나 드넓은 바다를 본다고 하여도 그것이 곡면이라는 것을 인식하는가? 우리들 인간은 지구에 비하여 너무도 작고, 지구의 아주 일부분인 미소 공간에 생활하고 있다. 미소한 세계를 본다는 것은 원래 세계를 미분한 것을 보는 것이다. 즉, 우리들은 지구를 미분한 세계에 살고 있는 셈이다. 사실, 구의 방정식을 미분하면 평면의 방정식이 나타난다.

▌ 함수의 극대·극소

시작하면서 용어를 정리해두자. 극대·극소는 최대·최소와 겹치는 즉, 극대가 최대로 되거나 극소가 최소로 되지만 같은 것은 아니다. 이름이 다른 것은 의미가 있다. 그러면 어디가 극대이고, 어디가 극소이냐 하는 것을 롤러코스터 예를 통해 설명하고 싶다.

어떤 롤러코스터 궤도에서도 일단 수평으로 되는 곳이 어느 장소에 있을 것이다. 올라가 꺾여서 떨어지기 전의 한 순간 수평으로 되는 곳, 떨어져서 올라가는 입구 전의 한순간 수평으로 되는 곳이 반드시 있다. 올라가 꺾여서 떨어지기 전의 한순간 수평으로 되는 곳, 이것이 극대가 된다. 반대로 떨어져서 올라가는 입구 전의 한순간 수평으로 되는 곳, 이것이 극소가 된다. 롤러코스터는 스릴(thrill)을 위하여 상하가 많이 있으므로 극대나 극소는 1개만이 아닌 것을 알 수 있다. 이와 같이 극대·극소는 복수로 있어도 상관없다. 개수는 다루는 함수 성질이나 정의역에 의존한다.

롤러코스터 궤도가 아닌, 함수로 설명하면 다음과 같다.

일반적으로 함수 $f(x)$에서 $x = a$ 전후에서 증가에서 감소로 변할 때, $f(x)$는 $x = a$에서 **극대**라 하고, 이때, $f(a)$를 **극댓값**이라 한다. 또한, $x = b$ 전후에서 감소에서 증가로 변할 때, $f(x)$는 $x = b$에서 **극소**라 하고, 이때, $f(b)$를 **극솟값**이라 한다. 극댓값과 극솟값을 통합하여 **극값**이라 한다.

$f(x)$가 $x = a$에서 극값이 될 때는 $f(x)$ 값은 $x = a$를 경계로 하여 증감이 바뀐다. 즉, $x = a$ 경계에서 $f'(a)$ 순간의 값은 0인 것을 알 수 있다(그림 8.3).

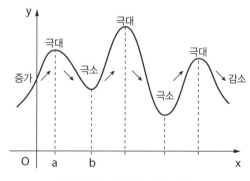

그림 8.3 함수의 극대·극소

■ ■ **$f(x)$의 극대·극소**

함수 $f(x)$에 대하여 $f'(a)=0$으로 될 때, 다음과 같이 분류한다.

- x 값 전후에서 $f'(a)$ 부호 변화가 정(+)에서 음(−)으로 바뀔 때,
  $f(x)$는 극대로 된다.

- x 값 전후에서 $f'(a)$ 부호 변화가 음(−)에서 정(+)으로 바뀔 때,
  $f(x)$는 극소로 된다.

예 제 8-3	다음 함수에 대하여 극값을 조사하고, 그래프를 그리시오 (1) $y=-2x^3+6x+1$

▶ 해 답

$y=-2x^3+6x+1$의 도함수 y'는

$$y'=-6x^2+6=-6(x^2-1)=-6(x+1)(x-1)$$

에서 $y'=0$을 만족하는 것은 $x=-1,\ 1$로 된다. 여기서, y' 부호와 y 증가를 [↗]로, 감소를 [↘]로 나타내는 표(**증감표**)를 만들면 다음과 같다.

x	⋯	-1	⋯	1	⋯
y'	−	0	+	0	−
y	↘	-3	↗	5	↘

이 증감표에서

$x = -1$일 때, 극솟값 -3

$x = 1$일 때, 극댓값 5

로 된다.

▌Excel에 의한 그래프 작성 · Ref : [Math0801.xls]의 [예제 8-3] 시트

그래프를 Excel을 사용하여 그려보자. 그림 8.4와 같은 워크시트를 작성한다.

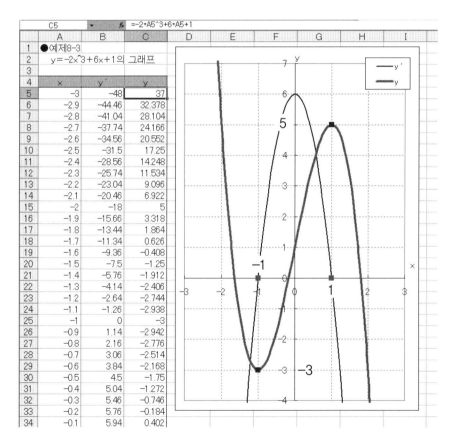

그림 8.4 [예제 8-3]의 워크시트

여기서는 A열에 x, B열에 y', C열에 y 값을 계산한다.

먼저, 셀 범위 A5:A65에 0.1씩 $-3 \sim 3$의 연속 데이터를 작성한다. 셀 B5에 [=−6*A5^2+6], 셀 C5에 [=−2*A5^3+6*A5+1]을 입력하고 각각 제65행까지 복사한다.

다음으로 셀 범위 A5:C65에서 [데이터 표식 없이 곡선으로 연결된 분산형]의 그래프를 작성한다. 필요에 따라 그래프 양식을 정비한다.

그래프와 표에서 y는 도함수 $y' = 0$일 때, 즉 $x = -1$일 때, 극솟값 -3, $x = 1$일 때, 극댓값 5로 되는 것을 확인할 수 있다.

▌함수의 극댓값·극솟값, 방정식과 부등식

도함수와 증감표를 만드는 방법은 함수의 **극댓값·극솟값**을 구하는 경우에 이용할 수 있다. 또한, 수나 문자를 알아맞추는 퀴즈의 방정식 문제나 상한이나 하한과 관계되는 부등식 문제를 풀이하는 경우에도 이를 응용한다. 예제로 공부해보자.

예제 8-4	다음 함수 최댓값과 최솟값을 구하시오. (1) $y = 2x^3 - 3x^2 - 12x - 6$ $(-2 \le x \le 4)$

▷ 해 답

$y = 2x^3 - 3x^2 - 12x - 6$ 의 도함수 y'는

$$y' = 6x^2 - 6x - 12 = 6(x^2 - x - 2) = 6(x+1)(x-2)$$

에서 $y' = 0$을 만족하는 것은 $x = -1, 2$로 된다. 그러므로 $-2 \le x \le 4$에

서 증감표는 다음과 같다.

x	-2	$\cdots$	-1	$\cdots$	2	$\cdots$	4
y'		$+$	0	$-$	0	$+$	
y	-10	$\nearrow$	1	$\searrow$	-26	$\nearrow$	26

그러므로 이 함수는

$x = 4$일 때, 최대로 되고, 최댓값 26

$x = 2$일 때, 최소로 되고, 최솟값 -26

으로 된다.

█ Excel에 의한 그래프 작성　●Ref : [Math0801.xls]의 [예제 8-4] 시트

Excel을 사용하여 $y = 2x^3 - 3x^2 - 12x - 6$ 과 $y' = 6x^2 - 6x - 12$ 그래프를 그려서 확인해보자. 그림 8.5와 같은 워크시트를 작성한다.

	A	B	C
1	●예제8-4		
2	y=2x^3-3x^2-12x-6 (-2≤x≤4)의 최댓값과 최솟값		
3			
4		최댓값	26
5		최솟값	-26
6			
7	x	y'	y
8	-2	24	-10
9	-1.9	21.06	-7.748
10	-1.8	18.24	-5.784
11	-1.7	15.54	-4.096
12	-1.6	12.96	-2.672
13	-1.5	10.5	-1.5
14	-1.4	8.16	-0.568
15	-1.3	5.94	0.136
16	-1.2	3.84	0.624
17	-1.1	1.86	0.908
18	-1	0	1
19	-0.9	-1.74	0.912
20	-0.8	-3.36	0.656
21	-0.7	-4.86	0.244
22	-0.6	-6.24	-0.312
23	-0.5	-7.5	-1
24	-0.4	-8.64	-1.808
25	-0.3	-9.66	-2.724
26	-0.2	-10.56	-3.736
27	-0.1	-11.34	-4.832
28	0	-12	-6
29	0.1	-12.54	-7.228
30	0.2	-12.96	-8.504
31	0.3	-13.26	-9.816
32	0.4	-13.44	-11.152
33	0.5	-13.5	-12.5
34	0.6	-13.44	-13.848

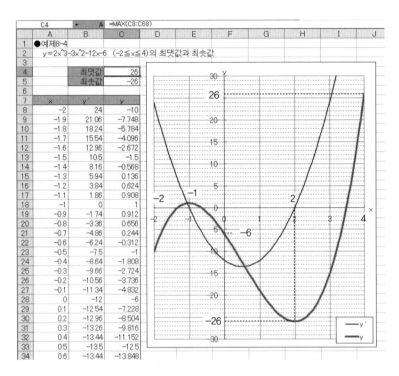

그림 8.5 [예제 8-4]의 워크시트

여기서는 A열에 x, B열에 y', C열에 y 값을 계산한다.

먼저, $-2 \leq x \leq 4$에서 셀 범위 A8:A68에 0.1씩 $-2 \sim 4$의 연속 데이터를 작성한다. 셀 B8에 [=6*A8^2-6*A8-12], 셀 C5에 [=2*A8^3-3*A8^2-12*A8-6]을 입력하고, 각각 제68행까지 복사한다.

다음으로 셀 범위 A8:C68에서 [데이터 표식 없이 곡선으로 연결된 분산형]의 그래프를 작성한다. 필요에 따라 그래프 양식을 정비한다.

셀 범위 C8:C68에 계산된 y 값의 최댓값과 최솟값을 Excel 함수를 사용하여 구하여 보자. 셀 C4에 [=MAX(C8:C68)], 셀 C5에 [=MIN(C8:C68)]을 입력한다. 단, 여기서 A열에 준비한 x 값은 점점이(여기서는 0.1씩) 흩어져 있는 값이므로 만약, 여기에 목적함수가 최대/최소로 되는 x가 포함되어 있지 않으면 올바른 최댓값/최솟값을 찾아낼 수 없다.

그래프와 표에서 y는 $x = 4$일 때, 최댓값 26, $x = 2$일 때, 최솟값 -26으로 되는 것을 확인할 수 있다.

예 제 8-5	3차 방정식 $x^3 - 3x^2 - a = 0$의 다른 실수해 개수와 상수 a 값에 따라 어떻게 변화하는지 조사하시오.

▶ 해 답

상수항을 이항하여

$$x^3 - 3x^2 = a$$

로 한다. 실수해 개수는 $y = x^3 - 3x^2$ 그래프와 직선 $y = a$ 교점 개수와 같다고 할 수 있다.

여기서,

$$f(x) = x^3 - 3x^2$$

로 두면

$$f'(x) = 3x^2 - 6x = 3x(x - 2)$$

로 되고, $f(x)$ 증감표는 다음과 같고, $y = f(x)$ 그래프는 그림 8.6과 같다.

x	$\cdots$	0	$\cdots$	2	$\cdots$
$f'(x)$	+	0	−	0	+
$f(x)$	↗	0	↘	−4	↗

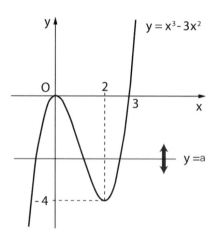

그림 8.6 $y = x^3 - 3x^2$과 직선 $y = a$

그러므로 3차 방정식의 다른 실수해 개수는 다음과 같다.

$a < -4$, $0 < a$일 때, 1개

$a = -4$, $a = 0$일 때, 2개

$-4 < a < 0$일 때, 3개

▌Excel에 의한 그래프 작성　● Ref : [Math0801.xls]의 [예제 8-5] 시트

Excel을 사용하여 $f(x) = x^3 - 3x^2$과 $y = a$ 그래프를 그려서 확인해보자. 그림 8.7과 같은 워크시트를 작성한다.

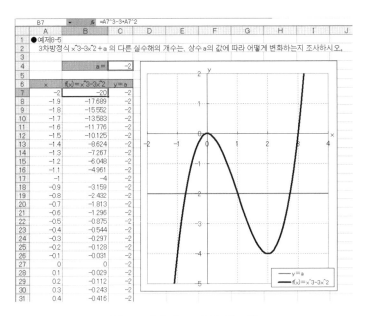

그림 8.7 [예제 8-5]의 워크시트

여기서는 A열에 x, B열에 $f(x)$, C열에 y 값을 계산한다. a에 여러 가지 값을 대입할 수 있도록 셀 C4에 a 값을 저장해둔다.

먼저, 셀 범위 A7:A67에 0.1씩 $-2 \sim 4$의 연속 데이터를 작성한다. 셀 B7에 [=A7^3−3*A7^2], 셀 C5에 [=$C$4]을 입력하고, 각각 제67행까지 복사한다.

다음으로 셀 범위 A7:C67에서 [데이터 표식 없이 곡선으로 연결된 분산형]의 그래프를 작성한다. 필요에 따라 그래프 양식을 정비한다.

a(셀 C4) 값을 변화시키면 직선 $y = a$ 위치가 변화한다. 실수해 개수는 $y = x^3 - 3x^2$ 그래프와 직선 $y = a$ 교점 개수와 같으므로 3차 방정식의 다른 실수해 개수는

$a < -4$, $0 < a$일 때, 1개

$a = -4$, $a = 0$일 때, 2개

$-4 < a < 0$일 때, 3개

로 되는 것을 확인할 수 있다.

예제 8-6	$x \geq 0$일 때, 부등식 $x^3 - 3x^2 + 4 \geq 0$가 성립하는 것을 증명하시오.

해 답

$$f(x) = x^3 - 3x^2 + 4$$

로 놓으면

$$f'(x) = 3x^2 - 6x = 3x(x-2)$$

로 되고, $x \geq 0$에서 $f(x)$ 증감표는 다음과 같다.

x	0	⋯	2	⋯
$f'(x)$	0	−	0	+
$f(x)$	4	↘	0	↗

이 표에서 $x \geq 0$일 때, $f(x)$는 $x = 2$에서 최솟값 0으로 되는 것을 알 수 있다. 그러므로 $x \geq 0$일 때, $f(x) \geq 0$, 즉 $x \geq 0$일때, 부등식 $x^3 - 3x^2 + 4 \geq 0$가 성립한다.

▌Excel에 의한 그래프 작성 ●Ref : [Math0801.xls]의 [예제 8-6] 시트

Excel을 사용하여 $f(x) = x^3 - 3x^2 + 4$ 그래프를 그려서 확인해보자. 그림 8.8과 같은 워크시트를 작성한다.

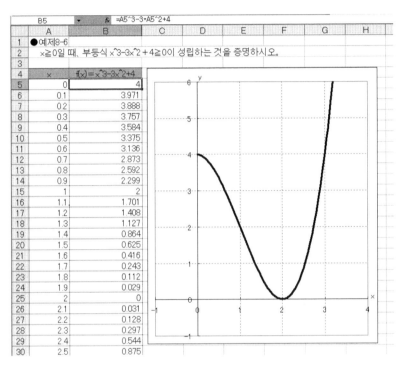

그림 8.8 [예제 8-6]의 워크시트

여기서는 A열에 x, B열에 $f(x)$ 값을 계산한다.

먼저, $x \geq 0$에서 셀 범위 A5:A45에 0.1씩 0 ~ 4의 연속 데이터를 작성한다. 셀 B7에 [=A5^3-3*A5^2+4]를 입력하고, 각각 제45행까지 복사한다.

다음으로 셀 범위 A5:C45에서 [데이터 표식 없이 곡선으로 연결된 분산형]의 그래프를 작성한다. 필요에 따라 그래프 양식을 정비한다.

그래프와 표에서 $x \geq 0$일 때, 부등식 $x^3 - 3x^2 + 4 \geq 0$가 성립하는 것을 알 수 있다.

8.1.3 2차 곡선과 접선

▌접선의 여러 가지

2차함수 $y = x^2$과 3차함수 $y = x^3$에서만 접선이 있는 것은 아니고, 그곳에 매끄러운 곡선(미분 가능 등의 말을 사용한다)이 존재하는 한 접선은 존재한다. 지수함수에서도 대수함수에서도 그리고 타원에서도 쌍곡선에서도 접선은 존재한다. 여기서는 대수함수와 타원의 접선, 그리고 법선에 대하여 고려해보자.

▌접선의 방정식

접선의 실체는 직선이다. 전차의 차륜과 쭉 뻗은 레일을 떠올려보자. 레일이라는 직선은 차륜이라는 원의 접선으로 된다. 접선이 직선이라는 것은 그 직선이 지나는 1점의 좌표와 기울기를 알면 방정식을 구할 수 있다.

구체적으로 다음과 같이 고려한다(그림 8.9).

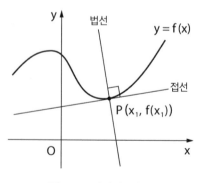

그림 8.9 접선과 법선

곡선 $y = f(x)$ 위의 점 $P(x_1, f(x_1))$에서 이 곡선의 **접선**은 점 P를 지나는 기울기 $f'(x_1)$인 직선으로 된다. 그러므로 접선의 방정식은

$$y - f(x_1) = f'(x_1)(x - x_1)$$

로 된다.

또한, 곡선 위의 점 P를 지나고, 점 P에서 접선에 수직인 직선을, 점 P에서 이 곡선 $y = f(x)$의 **법선**이라 한다. 곡선 위의 점 $P(x_1, f(x_1))$에서 접선의 기울기는 $f'(x_1)$이므로 이것에 수직이란, 곱하여 -1로 되는 값이다. 따라서 $f'(x_1) \neq 0$일 때 이 점에서 법선의 기울기는

$$-\frac{1}{f'(x_1)}$$

로 된다. 이것에서 법선이 지나는 1점 좌표와 기울기를 알았으므로 법선의 방정식은

$$y - f(x_1) = -\frac{1}{f'(x_1)}(x - x_1)$$

로 된다.

곡선 $y = f(x)$ 위의 점 $(x_1, f(x_1))$에서 곡선의 접선 및 법선의 방정식은 각각 다음과 같다.

· 접선 $y - f(x_1) = f'(x_1)(x - x_1)$

· 법선 $y - f(x_1) = - \dfrac{1}{f'(x_1)}(x - x_1)$

▌자연대수와 대수함수의 도함수

대수함수 $y = \log_a x$의 미분을 해본다. 도함수의 정의에서

$$y' = (\log_a x)' = \lim_{x \to 0} \frac{\log_a(x + \Delta x) - \log_a x}{\Delta x}$$

$$= \lim_{\Delta x \to 0} \frac{1}{\Delta x} \log_a \frac{x + \Delta x}{x} = \lim_{\Delta x \to 0} \frac{1}{\Delta x} \log_a \left(1 + \frac{\Delta x}{x}\right)$$

여기서, $\dfrac{\Delta x}{x} = h$로 둔다. 그러면 $\Delta x \to 0$일 때, $h \to 0$로 된다. 따라서, 이 함수는

$$y' = \lim_{h \to 0} \frac{1}{xh} \log_a(1 + h) = \lim_{h \to 0} \frac{1}{x} \log_a(1 + h)^{\frac{1}{h}}$$

$$= \frac{1}{x} \lim_{h \to 0} \log_a(1 + h)^{\frac{1}{h}}$$

로 되고, $e = \lim_{h \to 0} (1+h)^{\frac{1}{h}}$ 로 두면 대수의 밑의 변환공식을 이용하여

$$(\log_a x)' = \frac{1}{x} \log_a e = \frac{1}{x \log_e a}$$

로 된다. 특히, $a = e$ 일 때는 $\log_e a = \log_e e = 1$ 에서

$$(\log_a x)' = \frac{1}{x}$$

로 된다.

또한, 도중에 $e = \lim_{h \to 0} (1+h)^{\frac{1}{h}}$ 로 놓았는데, 이 e 를 밑으로 하는 함수를

자연대수라 한다. 이때 일반적으로 밑의 e 를 생략하여 $\ln x$ 라 쓴다.

━━ **대수함수의 도함수** ━━━━━━━━━━━━━━━━━━━━━━━━━━━

$$(\ln x)' = \frac{1}{x} , \ (\log_a x)' = \frac{1}{x \log a}$$

예 제 8-7	곡선 $y = \ln x$ 위의 점 P(1, 0)에서 접선과 법선의 방정식을 구하시오.

해 답

$y' = \dfrac{1}{x}$ 이므로 $x = 1$ 일 때, $y' = 1$ 로 된다. 따라서, 접선의 방정식은 다음과 같다.

$$y - 0 = 1 \times (x - 1)$$

$$y = x - 1$$

또한, 법선의 방정식은 다음과 같다.

$$y - 0 = -\frac{1}{1} \times (x - 1)$$

$$y = -x + 1$$

▌Excel에 의한 그래프 작성   • Ref : [Math0801.xls]의 [예제 8-7] 시트

Excel을 사용하여 곡선 $y = \ln x$ 위의 점 P(1, 0)에서 접선과 법선의 그래프를 그려보자. 그림 8.10과 같은 워크시트를 작성한다.

여기서는 A열에 x 값을 준비하고, B열에 y', C열에 $y = \ln x$, D열에 접선 그리고 E열에 법선 등, 대응하는 각각의 y 값을 계산한다.

먼저, 셀 범위 A5:A104에 0.05씩 0.05~5의 연속 데이터를 작성한다. 셀 B5에는 $y' = 1$ 에서 [1]을, 셀 C5에는 자연대수를 구하는 **LN 함수**를 사용하여 [=LN(A5)]를 입력한다. 셀 D5에는 접선의 방정식 $y = x - 1$ 에서 [=A5−1]을, 셀 E5에는 법선의 방정식 $y = -x + 1$ 에서 [=−A5+1]을 입력한다. 셀 범위 B5:E5를 제104행까지 복사한다.

다음으로 셀 범위 A5:E104에서 [데이터 표식 없이 곡선으로 연결된 분산형]의 그래프를 작성한다. 필요에 따라 그래프 양식을 정비한다.

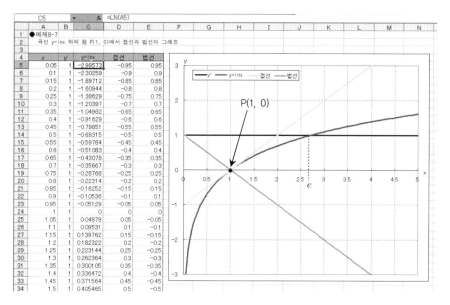

그림 8.10 [예제 8-7]의 워크시트

예 제 8-8	타원 $\dfrac{x^2}{a^2} + \dfrac{y^2}{b^2} = 1$ 위의 점 $P(x_1, y_1)$에서 접선 방정식을 구하시오. 단, $y_1 \neq 0$이다.

▶ **해 답**

타원의 방정식

$$\frac{x^2}{a^2} + \frac{y^2}{b^2} = 1$$

의 양변을 x로 미분한다.

$$\frac{2x}{a^2} + \frac{2y}{b^2} \cdot \frac{dy}{dx} = 0$$

$y \neq 0$일 때,

$$\frac{dy}{dx} = -\frac{b^2 x}{a^2 y}$$

로 된다. 그러므로 $y_1 \neq 0$일 때, 점 $P(x_1, y_1)$에서 접선의 방정식은 다음과 같다.

$$y - y_1 = -\frac{b^2 x_1}{a^2 y_1}(x - x_1)$$

이 양변에 $\dfrac{y_1}{b^2}$ 을 곱하면

$$\frac{y_1}{b^2}(y - y_1) = -\frac{x_1}{a^2}(x - x_1)$$

$$\frac{x_1 x}{a^2} + \frac{y_1 y}{b^2} = \frac{x_1^2}{a^2} + \frac{y_1^2}{b^2}$$

로 된다. 여기서, 점 $P(x_1, y_1)$은 (1)의 타원 위의 점이므로

$$\frac{x_1^2}{a^2} + \frac{y_1^2}{b^2} = 1$$

로 된다. 그러므로 접선의 방정식은

$$\frac{x_1 x}{a^2} + \frac{y_1 y}{b^2} = 1$$

로 된다.

예 제 8-9 타원 $\dfrac{x^2}{4} + y^2 = 1$ 위의 점 $\left(\dfrac{6}{5}, \dfrac{4}{5}\right)$ 에서 접선 방정식을 구하시오

⫸ 해 답

예제 8-8에서 타원의 접선 방정식은

$$\frac{x_1 x}{a^2} + \frac{y_1 y}{b^2} = 1$$

로 된다. 지금, $a^2 = 4, b^2 = 1, x_1 = \dfrac{6}{5}, y_1 = \dfrac{4}{5}$ 에서 이를 대입하면 구하고자 하는 접선 방정식은 다음과 같다.

$$\frac{\frac{6}{5}x}{4} + \frac{4}{5}y = 1$$

$$\frac{3x}{10} + \frac{4}{5}y = 1$$

$$3x + 8y - 10 = 0$$

$$y = -\frac{3}{8}x + \frac{5}{4}$$

▌Excel에 의한 그래프 작성 ● Ref : [Math0801.xls]의 [예제 8–9] 시트

Excel을 사용하여 타원 $\frac{x^2}{4} + y^2 = 1$ 위의 점 $\left(\frac{6}{5}, \frac{4}{5}\right)$ 에서 접선의 그래프

를 그려보자. 그림 8.11과 같은 워크시트를 작성한다.

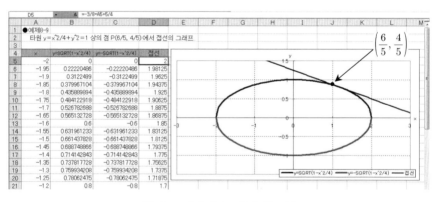

그림 8.11 [예제 8–9]의 워크시트

여기서는 A열에 x 값을 준비하고, B열에 타원을 이등분한 윗부분, C열에 타원을 이등분한 아랫부분, D열에는 접선에 대한 것 등, x 에 대응하는 각각의 y 값을 계산한다.

먼저, 셀 범위 A5:A85에 0.05씩 $-2 \sim 2$의 연속 데이터를 작성한다. $\frac{x^2}{4} + y^2 = 1$을 y에 대하여 정리하면 $y = \pm \sqrt{1 - \frac{x^2}{4}}$ 이므로 셀 B5에는 [=SQRT(1−A5^2/4)]를, 셀 C5에는 [=−SQRT(1−A5^2/4)]를 입력한다. 셀 D5에는 [=−3/8*A5+5/4]를 입력한다. 셀 범위 B5:D5를 제85행까지 복사한다.

다음으로 셀 범위 A5:D85에서 [데이터 표식 없이 곡선으로 연결된 분산형]의 그래프를 작성한다. 여기서는 접선을 약간 우측으로 표시하기 위하여 셀 A86에 [4]를 입력하고, 셀 D85를 셀 D86에 복사하고, 접선의 그래프에 대응하는 계열을 이 범위까지 대응시킨다. 필요에 따라 그래프 양식을 정비한다.

8.2 미분 (2) − 고차의 도함수

8.2.1 제2차 도함수

▌왜 2번이나?

우리들은 탈 것에 승차했을 때, 창문에서 보이는 경관이 움직여 속도를 느낄 수 있다. 또한, 차가 출발할 때나 제동을 걸었을 때는 몸이 뒤로 밀쳐지거나 앞으로 넘어지려거나 한 경험으로 가속도도 느꼈을 것이다.

위치를 표현하는 함수를 미분하면 속도를 표현하는 함수가 나타난다. 속도 함수를 미분하면 가속도가 나타난다. 이것은 가속도의 시간 시간의 축적이 속도를 구성하고 있다고 할 수 있다.

이와 같이 2번 미분하여 제2차 도함수를 구하면 시시각각 변화하는 그 함수의 모습을 나타내는 실마리를 더 한층 세밀하게 잡을 수 있다. 제1차 도함수에서는 극값을 알았다. 즉, 그것은 어디서 그 함수가 일순간 평평하게 되는지를 보인 것이다. 다시 한 번 더 미분하면 평평한 극값에서 극값 사이의 모습을 알 수 있다.

▌ 곱, 몫, 합성함수의 도함수

$f(x)$, $g(x)$가 함께 미분 가능한 함수일 때, 이들의 곱으로 나타내는 함수의 도함수는 다음과 같다.

━ 곱의 도함수 ━

$$\{f(x)g(x)\}' = f'(x)g(x) + f(x)g'(x)$$

$f(x)$, $g(x)$가 함께 미분 가능한 함수(단, $g(x) \neq 0$)일 때, 이들의 몫을 나타내는 함수의 도함수는 다음과 같다.

━ 몫의 도함수 ━

$$\left\{ \frac{f(x)}{g(x)} \right\}' = -\frac{f'(x)g(x) - f(x)g'(x)}{\{g(x)\}^2}$$

$f(x) = 1$일 때, $\left\{ \dfrac{1}{g(x)} \right\}' = -\dfrac{g'(x)}{\{g(x)\}^2}$

$y = f(u)$, $u = g(x)$가 함께 미분 가능한 함수일 때, 합성함수 $y = f(g(x))$의 도함수는 다음과 같다.

$$\frac{dy}{dx} = \frac{dy}{du} \cdot \frac{du}{dx}$$

또한, r이 임의의 실수일 때,

$$(x^r)' = r x^{r-1}$$

| 예 제 8-10 | 함수 $y = x\sqrt{9-x^2}$ 의 증감, 극값, 요철, 변곡점을 조사하고, 그 래프를 그리시오. |

▶ 해 답

정의역은 $9 - x^2 \geq 0$에서 $-3 \leq x \leq 3$으로 된다.

$$y' = \sqrt{9-x^2} + x \cdot \frac{-2x}{2\sqrt{9-x^2}} = \frac{(9-x^2)-x^2}{\sqrt{9-x^2}} = \frac{9-2x^2}{\sqrt{9-x^2}}$$

$$y'' = \frac{-4x \cdot \sqrt{9-x^2} - (9-2x^2) \cdot \dfrac{-x}{\sqrt{9-x^2}}}{9-x^2}$$

$$= \frac{-4x(9-x^2) + x(9-2x^2)}{(9-x^2)\sqrt{9-x^2}} = \frac{-36x+4x^3+9x-2x^3}{(9-x^2)\sqrt{9-x^2}}$$

$$= \frac{2x^3-27x}{(9-x^2)\sqrt{9-x^2}} = \frac{x(2x^2-27)}{(9-x^2)\sqrt{9-x^2}}$$

이것에서 y, y', y''의 부호를 조사하고, 증감, 요철표를 만들면 다음과 같다.

x	-3	$\cdots$	$-\dfrac{3}{2}\sqrt{2}$	$\cdots$	0	$\cdots$	$\dfrac{3}{2}\sqrt{2}$	$\cdots$	3
y'		$-$	0	$+$	$+$	$+$	0	$-$	
y''		$+$	$+$	$+$	0	$-$	$-$	$-$	
y	0	$\searrow$	$-\dfrac{9}{2}$	$\nearrow$	0	$\nearrow$	$\dfrac{9}{2}$	$\searrow$	0

※주 : ↘는 아래로 볼록하게 감소를, ↗는 아래로 볼록하게 증가를, ↗는 위로 볼록하게 증가를, ↘는 위로 볼록하게 감소를 나타낸다.

이 표에서

$$x=\frac{3}{2}\sqrt{2}\ \text{일 때, 최댓값}\ \frac{9}{2}$$

$$x=-\frac{3}{2}\sqrt{2}\ \text{일 때, 최솟값}\ -\frac{9}{2}$$

변곡점은 $(0,0)$

으로 된다. 또한,

$$\lim_{x\to-3+0} y' = -\infty$$

$$\lim_{x\to 3-0} y' = -\infty$$

에서, 그래프는 직선 $x=-3$, $x=3$에 접하는 것을 알 수 있다.

▌Excel에 의한 그래프 작성 ● Ref : [Math0802.xls]의 [예제 8-10] 시트

Excel을 사용하여 함수 $y = x\sqrt{9 - x^2}$ 과, 제1차 도함수 및 제2차 도함수 그래프를 그려보자. 그림 8.12와 같은 워크시트를 작성한다.

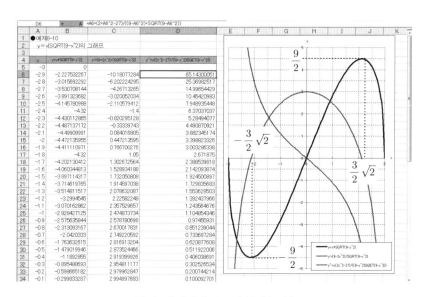

그림 8.12 [예제 8-10]의 워크시트

여기서는 A열에 x 값을 준비하고, B열에 y, C열에 y', D열에 y'' 값을 계산한다.

먼저, $-3 \leq x \leq 3$ 에서 셀 범위 A5:A65에 0.1씩 $-3 \sim 3$ 의 연속 데이터를 작성한다. 셀 B5에는 [=A5*SQRT(9-A5^2)], 셀 C5에는 [=(9-2*A5^2)/SQRT(9-A5^2)], 셀 D5에는 [=A5*(2*A5^2-27)/((9-A5^2)*SQRT(9-A5^2))]를 입력한다. 셀 범위 B5:D5를 제65행까지 복사한다. 셀 C5와 D5, 셀 C65와 D65가 #DIV/0! 에러가 나므로 이들의 셀을 클리어(clear)해둔다.

다음으로 셀 범위 A5:D65에서 [데이터 표식 없이 곡선으로 연결된 분산형]

의 그래프를 작성한다. 필요에 따라 그래프 양식을 정비한다.

▌삼각함수의 도함수

삼각함수의 도함수는 다음과 같다.

▬▬ $\sin x$의 도함수 ▬▬▬▬▬▬▬▬▬▬▬▬▬▬▬▬▬▬

$$(\sin x)' = \cos x$$

▬▬ $\cos x$의 도함수 ▬▬▬▬▬▬▬▬▬▬▬▬▬▬▬▬▬▬

$$(\cos x)' = -\sin x$$

▬▬ $\tan x$의 도함수 ▬▬▬▬▬▬▬▬▬▬▬▬▬▬▬▬▬▬

$$(\tan x)' = \frac{1}{\cos^2 x}$$

예 제 8-11	$0 \leq x \leq 2\pi$에서 함수 $f(x) = x + 2\sin x$ 그래프를 그리시오.

➡ 해 답

$y = x + 2\sin x$로 두면

$x = 0$일 때, $y = 0$

$x = 2\pi$일 때, $y = 2\pi$

$y' = 1 + 2\cos x$

여기서 $y' = 0$을 만족하는 것은 $\cos x = -\dfrac{1}{2}$이므로

$$x = \frac{2}{3}\pi, \ \frac{4}{3}\pi$$

$$y'' = -2\sin x$$

여기서 $y'' = 0$을 만족하는 것은 $\sin x = 0$이므로

$$x = \pi$$

이상에서 y', y''의 부호를 조사하고, 증감, 요철표를 만들면 다음과 같다.

x	0	$\cdots$	$\frac{2}{3}\pi$	$\cdots$	π	$\cdots$	$\frac{4}{3}\pi$	$\cdots$	2π
y'		+	0	−	−	−	0	+	
y''		−	−	−	0	+	+	+	
y	0	↗	$\frac{2}{3}\pi + \sqrt{3}$	↘	π	↘	$\frac{4}{3}\pi - \sqrt{3}$	↗	2π

※주 : ↗는 위로 볼록하게 증가를, ↘는 위로 볼록하게 감소를, ↘는 아래로 볼록하게 감소를, ↗는 아래로 볼록하게 증가를 나타낸다.

이 표에서

$$x = \frac{2}{3}\pi \text{일 때, 최댓값 } \frac{2}{3}\pi + \sqrt{3}$$

$$x = \frac{4}{3}\pi \text{일 때, 최솟값 } \frac{4}{3}\pi - \sqrt{3}$$

변곡점은 (π, π)

로 된다.

▌Excel에 의한 그래프 작성   ●Ref : [Math0802.xls]의 [예제 8-11] 시트

Excel을 사용하여 함수 $f(x) = x + 2\sin x$ 그래프와 제1차 도함수 및 제2차 도함수 그래프를 그려보자. 그림 8.13과 같은 워크시트를 작성한다.

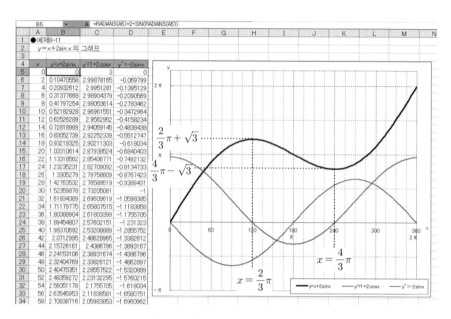

그림 8.13 [예제 8-11]의 워크시트

여기서는 A열에 x 값을 준비하고, B열에 y, C열에 y', D열에 y'' 값을 계산한다.

먼저, $0 \le x \le 2\pi$에서 셀 범위 A5:A185에 2씩 0~360의 연속 데이터를 작성한다. 셀 B5에는 [=RADIANS(A5)+2*SIN(RADIANS(A5))], 셀 C5에는 [=1+2*COS(RADIANS(A5))], 셀 D5에는 [=−2*SIN(RADIANS(A5))]를 입력한다. 셀 범위 B5:D5를 제185행까지 복사한다.

다음으로 셀 범위 A5:D185에서 [데이터 표식 없이 곡선으로 연결된 분산형]의 그래프를 작성한다. 필요에 따라 그래프 양식을 정비한다.

여기서는 [Y(값) 축]의 [눈금간격]을 [3.14159265358979]로 하고, [눈금 레이블]을 [없음]으로 하였다. 게다가 [π]등의 문자를 입력한 텍스트 상자를 [Y(값) 축]의 횡으로 배치하였다.

8.2.2 최대·최소

▌함수가 있는 곳에 최대·최소?

최대·최소 문제는 정말이지 어디에서도 나오는 문제로, 함수가 있는 곳에 최대·최소 문제가 있다는 느낌이다. 그렇더라도 이것이 수학뿐만이 아니라, 인간 감성 자체가 이와 같은 구조일지도 모른다. 사건이나 사고 건수, 주가, 기온 등 최대와 최솟값에 많은 관심이 집중한다. 함수로 표현하기 어려워도 이만큼 많은 의식이 쏠리고 있으므로 수학에서 최대·최소 및 최댓값·최솟값 문제가 많이 나오는 것도 불가사의한 것이 아닐지도 모른다.

다음 2개의 예제를 고려해보자.

예 제 8-12	함수 $y = x + \sqrt{4 - x^2}$ 의 최댓값 및 최솟값을 구하시오.

◈ 해 답

이 함수의 정의역은 $4 - x^2 \geq 0$이므로 $-2 \leq x \leq 2$로 된다.

$$y' = 1 + \frac{-2x}{2\sqrt{4 - x^2}} = \frac{\sqrt{4 - x^2} - x}{\sqrt{4 - x^2}}$$

여기서, $y' = 0$로 되는 것은

$$\sqrt{4 - x^2} - x = 0$$

$$\sqrt{4 - x^2} = x$$

(1)

일 때이다. (1)에서

$$4 - x^2 = x^2$$

$$x^2 = 2$$

$$x = \pm \sqrt{2}$$

로 되고, $x \geq 0$이므로 (1)을 만족하는 것은

$$x = \sqrt{2}$$

로 된다. 이들에서 증감표는 다음과 같다.

x	-2	$\cdots$	$\sqrt{2}$	$\cdots$	2
y'		$+$	0	$-$	
y	-2	↗	$2\sqrt{2}$	↘	2

그러므로 이 함수는 다음과 같다.

$x = \sqrt{2}$ 일 때, 최대로, 최댓값 $2\sqrt{2}$

$x = -2$일 때, 최소로, 최솟값 -2

▌Excel에 의한 그래프 작성 ● Ref : [Math0802.xls]의 [예제 8-12] 시트

Excel을 사용하여 함수 $y = x + \sqrt{4 - x^2}$ 과 도함수 그래프를 그려보자. 그림 8.14와 같은 워크시트를 작성한다.

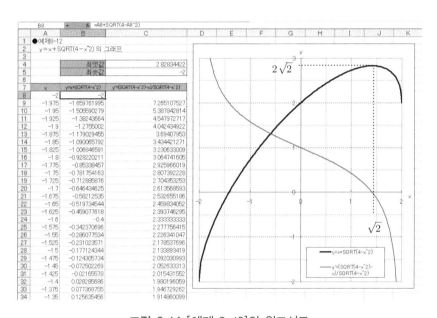

그림 8.14 [예제 8-12]의 워크시트

여기서는 A열에 x 값을 준비하고, B열에 y, C열에 y' 값을 계산한다.

먼저, $-2 \leq x \leq 2$에서 셀 범위 A8:A168에 0.2씩 $-2 \sim 2$의 연속 데이터를 작성한다. 셀 B8에는 [=A8+SQRT(4−A8^2)], 셀 C8에는 [=SQRT(4−A8^2)−A8)/SQRT(4−A8^2)]를 입력한다. 셀 범위 B5:D5를 제168행까지 복사한다. 셀 C8과 셀 C168이 #DIV/0!에러가 나므로 이들 셀을 클리어(clear)

해둔다.

다음으로 셀 범위 A8:D168에서 [데이터 표식 없이 곡선으로 연결된 분산형]의 그래프를 작성한다. 필요에 따라 그래프 양식을 정비한다.

셀 범위 B8:B168에 계산된 y 값의 최댓값과 최솟값을 구하기 위하여 셀 C4에 [=MAX(B8:B168)], 셀 C5에 [=MIN(B8:B168)]을 입력한다.

▌지수함수의 도함수

$y = a^x$의 양변에 자연대수를 취하고, 양변을 x로 미분한다.

$$\ln y = x \ln a$$

$$\frac{y'}{y} = \ln a$$

$$y' = y \ln a$$

$$(a^x)' = a^x \ln a$$

특히, $a = e$일 때는 $\ln a = \ln e = 1$이므로, 다음과 같다.

$$(e^x)' = e^x$$

━━ **지수함수의 도함수** ━━━━━━━━━━━━━━━━━━━━━━━━━

$(e^x)' = e^x,\ (a^x)' = a^x \ln a$

예 제 8 - 13	함수 $y = e^{2x} - 2e^x + 1(-1 \le x \le 1)$ 의 최댓값 및 최솟값을 구하시오.

해 답

$$y' = 2e^{2x} - 2e^x = 2e^x\left(e^x - 1\right)$$

$y' = 0$ 을 만족하는 것은 $e^x = 1$ 이므로 $x = 0$ 일 때이며 이때, $y = 0$ 로 된다.

그러므로 증감표는 다음과 같다.

x	-1	$\cdots$	0	$\cdots$	1
y'		$-$	0	$+$	
y	$\dfrac{1}{e^2} - \dfrac{1}{e} + 1$	$\searrow$	0	$\nearrow$	$e^2 - 2e + 1$

그러므로 이 함수는

$x = 1$ 일 때, 최대이고, 최댓값 $e^2 - 2e + 1$

$x = 0$ 일 때, 최소이고, 최솟값 0

로 된다.

▌Excel에 의한 그래프 작성 • Ref : [Math0802.xls]의 [예제 8-13] 시트

Excel을 사용하여 함수 $y = e^{2x} - 2e^x + 1$ 과 도함수 그래프를 그려보자. 그림 8.15와 같은 워크시트를 작성한다.

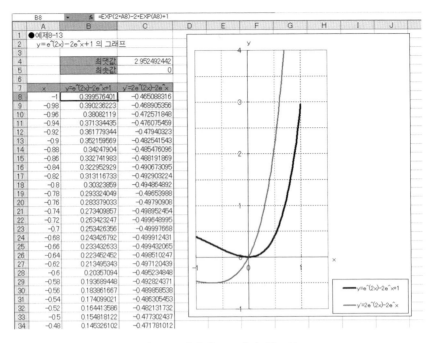

그림 8.15 [예제 8-13]의 워크시트

여기서는 A열에 x 값을 준비하고, B열에 y, C열에 y' 값을 계산한다.

먼저, $-1 \leq x \leq 1$에서 셀 범위 A8:A108에 0.2씩 $-1 \sim 1$의 연속 데이터를 작성한다.

e^n을 계산하는 것에는 **EXP 함수**를 사용하여 [EXP(n)]과 같이 거듭제곱하는 수치를 지정한다. 셀 B8에는 [=EXP(2*A8)-2*EXP(A8)+1], 셀 C8에는 [2*EXP(2*A8)-2*EXP(A8)]을 입력한다.

다음으로 셀 범위 A8:D108에서 [데이터 표식 없이 곡선으로 연결된 분산형]의 그래프를 작성한다. 필요에 따라 그래프 양식을 정비한다.

셀 범위 B8:B108에 계산된 y 값의 최댓값과 최솟값을 구하기 위하여 셀 C4에 [=MAX(B8:B108)], 셀 C5에 [=MIN(B8:B108)]을 입력한다.

8.3 적 분

8.3.1 부정적분

▌다른 것, 아니면 같은 것?

미분과 적분을 전혀 다른 것으로 볼지, 내용이 같은 것으로 볼지는 사람에 따라 생각이 다르겠지만 약간의 발상이나 조작을 바꿀 뿐 미분과 적분은 비슷하다고 할 수 있다. 간단히 말하면 미분은 나눗셈과 같은 것이고, 적분은 역으로 곱셈과 같은 것이다. 일반적으로 곱셈 및 나눗셈에서는 곱셈한 후에 같은 것으로 나누어도, 나눈 후에 같은 것을 곱하여도 원래 값으로 되돌아간다. 마찬가지로 일반적으로 어떤 함수를 적분하여 미분하여도, 미분하여 적분하여도 원래 함수로 되돌아간다. 적어도 적분한 결과가 올바른지, 미분해서 원래로 되돌아가는지, 어느 정도 알 수 있다.

주어진 함수 $f(x)$에 관하여 $F'(x) = f(x)$처럼 주어진 함수의 도함수를 가지는 함수 $F(x)$를, $f(x)$의 **원시함수**라 한다. 어느 함수 $f(x)$의 원시함수의 1개를 $F(x)$로 하면, 모든 함수는 상수 C를 사용하여 $F(x) + C$로 쓰고, 이 상수 C를 **적분상수**라 한다. 적분에서는 이 적분상수가 나오는 부정적분과 적분상수가 상쇄되어 나오지 않는 정적분이 있다. 우선, 부정적분을 고려해보자.

▌친숙한 것

적분할 때 친숙한 것은 역시나 거리나 빠르기를 나타내는 함수를 들 수 있다. 위치를 표현하는 함수를 미분하면, 속도를 표현하는 함수로 되고, 속도를 표현하는 함수를 미분하면, 가속도를 표현하는 함수가 나타나는 것을 알고 있다. 적분은 이 반대이므로 가속도를 표현하는 것을 적분하면 속도를 표현하는 함수가 나타나고, 한 번 더 적분하면 위치를 표현하는 함수가 나타난다.

예를 들면, 물체를 낙하하는 문제에서 중력상수 g를 9.8m/s^{2}로 하고 또, 초기속도를 0m/s로 하면, 낙하거리 y(m)는 낙하시간 $t(s)$의 2승에 비례하여

$$y = \frac{1}{2}gt^2 = 4.9t^2$$

라는 함수로 표현하는 것이 가능하다. 이 운동의 t초 후 속도 v(m/s)는 y의 미분계수로

$$v = \frac{dy}{dx} = (4.9t^2)' = 9.8t$$

로 된다. 그러므로 이 운동의 t초 후 가속도 g(m/s^2)는 y' 미분계수로

$$g = \frac{dv}{dt} = \frac{d^2y}{dt^2} = (9.8t)' = 9.8$$

로 된다.

이상은 미분 복습이었지만 적분한다고 하는 것은 완전히 반대이므로 다음과 같다.

가속도 g(m/s^2)— 적분 → 속도v(m/s) — 적분 → 낙하거리 y(m)

그러나 적분만으로는 알 수 없는 것이 있다. 그것은 초기속도가 0이 아닌 경우 어떻게 되냐는 것이다. 이 초기속도의 정보는 미분 과정에서 삭제되었다.

마찬가지로 적분하여도 알 수 없는 값이 묻혀 버린다. 왜? 처음에 정적분이 아닌, 부정적분을 고려하는 이유가 여기에 있다.

이전의 낙하운동은 초기속도가 0인 자유낙하였지만 이번은 초기속도를 주어서 미분한다.

$$y = v_1 t + \frac{1}{2} g t^2 = v_1 t + 4.9 t^2$$

$$v = \frac{dy}{dt} = (v_1 t + 4.9 t^2)' = v_1 + 9.8 t$$

$$g = \frac{dv}{dt} = \frac{d^2 y}{dt^2} = (v_1 + 9.8 t)' = 9.8$$

이와 같이 마지막에 구한 제2차 도함수 값에서 v_1이 완전히 소거된 것을 알 수 있다. 그러므로 이 반대의 계산, 즉 적분할 때 제2차 도함수에서 출발하여 v_1이 부활하지 않는다. 그래서 문제에서 알 수 있도록 초기조건 등을 통해 풀이한다. 아무튼 단순한 적분계산에서는 불확정 요소를 포함한 그대로 미분 계산을 반대로 하는 것을 이해할 수 있다.

그렇다면 실제로 부정적분 계산을 해보자.

▌미분과 부정적분

x 함수 $F(x)$ 도함수가 $f(x)$일 때, 즉,

$$F'(x) = f(x)$$

일 때, $F(x)$를, $f(x)$ 원시함수라 한다.

$$예: \left(\frac{x^3}{3}\right)' = x^2, \ \left(\frac{x^3}{3}+3\right)' = x^2, \ \left(\frac{x^3}{3}-5\right)' = x^2$$

$f(x)$ 원시함수의 1개를 $F(x)$로 하면, $f(x)$ 임의의 원시함수는 다음 모양으로 쓸 수 있다.

$$F(x)+C \hspace{4cm} 단, \ C 는 \ 임의의 \ 상수$$

이것을 $f(x)$ **부정적분**이라 말하고, $\int f(x)dx$로 표현한다.

또한, 미분 계산에서 다음 식이 성립한다.

$$(x)' = 1 \ 그러므로 \ \int 1 \, dx = x + C \hspace{2cm} 단, \ C는 \ 적분상수$$

$$\left(\frac{x^2}{2}\right)' = x \ 그러므로 \ \int x \, dx = \frac{x^2}{2} + C \hspace{2cm} 단, \ C는 \ 적분상수$$

$$\left(\frac{x^3}{3}\right)' = x^2 \ 그러므로 \ \int x^2 \, dx = \frac{x^3}{3} + C \hspace{2cm} 단, \ C는 \ 적분상수$$

이상에서 $n = 0, \ 1, \ 2, \ \cdots$일 때, 함수 $f(x) = x^n$ 부정적분은

$$\int x^n \, dx = \frac{1}{n+1} x^{n+1} + C \hspace{2cm} 단, \ C 는 \ 적분상수$$

인 것을 알 수 있다.

$$F'(x) = f(x) \text{일 때}, \int f(x)dx = F(x) + C$$

$$\int x^n \, dx = \frac{1}{n+1} x^{n+1} + C \qquad \text{단, } C \text{는 적분상수}$$

예 제 8-14	다음 부정적분을 구하시오. (1) $\displaystyle\int (3x^2 - 4x + 5)dx$ (2) $\displaystyle\int (-2t^2 - 3t + 6)dt - \int (t^2 - 3t + 5)dt$

◆ 해 답

(1)
$$\int (3x^2 - 4x + 5)dx = 3\int x^2 dx - 4\int x \, dx + 5\int dx$$

$$= 3 \cdot \frac{x^3}{3} - 4 \cdot \frac{x^2}{2} + 5x + C$$

$$= x^3 - 2x^2 + 5x + C \qquad \text{단, } C \text{는 적분상수}$$

(2)
$$\int (-2t^2 - 3t + 6)dt - \int (t^2 - 3t + 5)dt$$

$$= \int \{(-2t^2 - 3t + 6) - (t^2 - 3t + 5)\}dt$$

$$= \int (-3t^2 + 1)dt$$

$$= -t^3 + t + C \qquad \text{단, } C \text{는 적분상수}$$

8.3.2 구분구적법과 정적분

▌미지수는 서로 소거

부정적분 계산에서는 어떻게 하여도 적분상수 C가 등장하여 그것이 남아 버리므로 부정적분 계산만으로는 명확한 값이 나오지 않았다. 그러나 다음 계산에서는 어떻게 될까?

$$(2+C)-(1+C)=1$$

여기서, C 값은 특별하게 한정하지 않지만 C 값과 관계없이 이 뺄셈은 값이 1로 정해진다. 이것을 적분에 이용해보자.

함수 $f(x)$ 부정적분 1개를 $F(x)$로 하면, 이것에 적분 상수 C를 붙여 $f(x)$ 부정적분은

$$F(x)+C$$

로 표현할 수 있다. 이것을 지금 $G(x)$로 하고,

$$G(x)=F(x)+C$$

로 표현한다. 이때, 이 함수에 a, b를 대입하여 뺄셈을 하면,

$$G(b)-G(a)=\{F(b)+C\}-\{F(a)+C\}$$
$$=F(b)-F(a)$$

로 된다. 즉, $G(b) - G(a)$ 값은 적분상수 C 에 관계없이 일정값 $F(b) - F(a)$로 된다. $F(b) - F(a)$를 기호 $[F(x)]_a^b$로 표현하면,

$$[F(x)]_a^b = F(b) - F(a)$$

로 된다. 이 계산을 함수 $f(x)$ a에서 b까지 **정적분**이라 한다. 또한, 함수 $f(x)$ 기호를 그대로 사용하여

$$\int_a^b f(x)dx$$

로 표현하고, 이를 $f(x)$를 a에서 b까지 적분한다고 한다. 2개는 같은 내용이므로

$$\int_a^b f(x)dx = [F(x)]_a^b = F(b) - F(a)$$

의 식이 성립한다.

━━ **정적분** ━━━━━━━━━━━━━━━━━━━━━━━━━━━━━━━

$f(x)$ 부정적분 1개를 $F(x)$로 하면

$$\int_a^b f(x)dx = [F(x)]_a^b = F(b) - F(a)$$

━━

	다음 정적분값을 구하시오.
예 제 8 – 15	(1) $\displaystyle\int_{-1}^{2} (3x^2 + 2x + 1)dx$
	(2) $\displaystyle\int_{1}^{2} (t-3)(t+1)dt$

해 답

(1) $\displaystyle\int_{-1}^{2} (3x^2 + 2x + 1)dx = \left[x^3 + x^2 + x\right]_{-1}^{2}$

$$= (2^3 + 2^2 + 2) - \left\{(-1)^3 + (-1)^2 + (-1)\right\}$$

$$= (8 + 4 + 2) - (-1 + 1 - 1)$$

$$= 14 - (-1) = 15$$

(2) $\displaystyle\int_{1}^{2} (t-3)(t+1)dt = \int_{1}^{2} (t^2 - 2t - 3)dt$

$$= \left[\frac{t^3}{3} - t^2 - 3t\right]_{1}^{2}$$

$$= \left(\frac{8}{3} - 4 - 6\right) - \left(\frac{1}{3} - 1 - 3\right)$$

$$= \frac{7}{3} - 10 + 4 = \frac{7}{3} - 6 = -\frac{11}{3}$$

▌**구분구적법과 도형의 면적**

함수 $f(x)$가 구간 $[a, b]$에서 연속이고, 항상 $f(x) \geq 0$일 때, 곡선 $y = f(x)$와 x축 및 2직선 $x = a$, $x = b$로 둘러싼 부분의 도형 면적 S는 정적분을 이용하여

$$S = \int_a^b f(x)dx$$

로 표현한다[그림 8.16(A)].

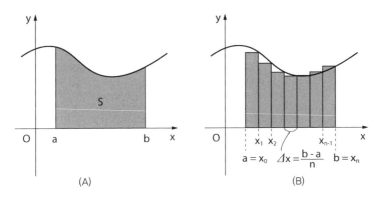

그림 8.16 구분구적법

지금, 구간 $[a, b]$로 표현되는 도형을 n등분하여 a, b 및 각 분기점을 순서대로

$$x_0 = a, \ x_1, \ x_2, \ \cdots, \ x_n = b$$

로 한다. 그러면 각 구간 폭은 $\dfrac{b-a}{n}$로 되고, 이를 Δx로 나타내면 다음과 같다.

$$\Delta x = \frac{b-a}{n}$$

이때, n을 무한히 크게 하면, 면적 S는 수많은 직사각형 모임이라 할 수 있다. 따라서, 일정한 가로 폭을 Δx로 하고, 처음 직사각형 높이를 $f(x_1)$이라 하고, 마지막 사각형 높이를 $f(x_n)$으로 하면, 그림 8.16(B)와 같은 n개 직사각형 면적 합은

$$S_n = f(x_1)\Delta x + f(x_2)\Delta x + \cdots + f(x_n)\Delta x$$

$$= \sum_{k=1}^{n} f(x_k)\Delta x$$

로 된다. 여기서, n을 한없이 크게 해가면 S_n은 한없이 S에 가까운

$$\lim_{n \to \infty} S_n = S$$

로 된다. 원래 $S = \int_a^b f(x)dx$이므로 다음이 성립한다.

$$\lim_{n \to \infty} \sum_{k=1}^{n} f(x_k)\Delta x = \int_a^b f(x)dx$$

이와 같이 도형의 면적이나 체적을, 간단한 도형의 면적이나 체적 합의 극한으로 하여 구하는 방법을 **구분구적법**이라 한다.

━━ **구분구적법과 정적분**

$$\lim_{n \to \infty} \sum_{k=1}^{n} f(x_k)\Delta x = \int_a^b f(x)dx$$

단, $x_k = a + k\Delta x$, $\Delta x = \dfrac{b-a}{n}$

예 제 8 - 16	구분구적법을 사용하여 곡선 $y = x^2$과 x축 및 직선 $x = 1$로 둘러싼 면적을 구하시오.

🔷 해 답

구간을 n등분하고, 각 소 구간에서 오른쪽 끝단 값을 높이로 하는 n개 직사각형을 만든다(그림 8.17).

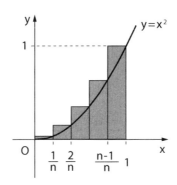

그림 8.17 구분구적법

이들의 직사각형 면적의 합을 S_n으로 하면, 수열의 합 공식

$$\sum_{k=1}^{n} k^2 = 1^2 + 2^2 + 3^2 + \cdots + n^2 = \frac{1}{6} n(n+1)(2n+1)$$

에서 다음과 같다.

$$S_n = \left(\frac{1}{n}\right)^2 \cdot \frac{1}{n} + \left(\frac{2}{n}\right)^2 \cdot \frac{1}{n} + \cdots + \left(\frac{n}{n}\right)^2 \cdot \frac{1}{n}$$

$$= \frac{1}{n^3}(1^2 + 2^2 + \cdots + n^2)$$

$$= \frac{1}{n^3} \cdot \frac{1}{6} n(n+1)(2n+1) = \frac{1}{6}\left(1 + \frac{1}{n}\right)\left(2 + \frac{1}{n}\right)$$

여기서, n 을 한없이 크게 해가면 S_n 은 한없이 S 에 가까워지므로

$$S = \lim_{n\to\infty} S_n = \lim_{n\to\infty} \frac{1}{6}\left(1 + \frac{1}{n}\right)\left(2 + \frac{1}{n}\right) = \frac{1}{6} \cdot 1 \cdot 2 = \frac{1}{3}$$

로 된다.

덧붙여서 이것은 정적분

$$S = \int_0^1 x^2 \, dx = \left[\frac{x^3}{3}\right]_0^1 = \left(\frac{1}{3} - 0\right) = \frac{1}{3}$$

의 값과 같게 된다.

▌Excel에 의한 해법   • Ref : [Math0803.xls]의 [예제 8–16] 시트

Excel을 사용하여 곡선 $y = x^2$ 과 x 축 및 직선 $x = 1$ 로 둘러싼 면적의 근삿 값을 구하여보자. 그림 8.18과 같은 워크시트를 작성한다.

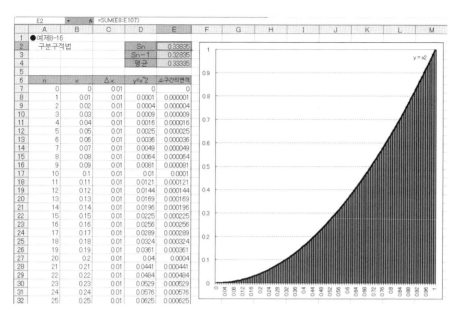

그림 8.18 [예제 8-16]의 워크시트

여기서는 $0 \leq x \leq 1$ 구간을 100의 소 구간으로 나누고, 각각의 소 구간 면적을 더하기로 한다.

A열을 n으로 하고, $0 \sim 100$의 연속 데이터를 작성한다. B열에는 x 값을 계산한다. 셀 B7에 [=A7*0.01]을 입력하고, 제107행까지 복사한다. 셀 범위 C7:C107에는 소 구간의 폭으로 [0.01]을 입력한다. D열에는 소 구간의 오른쪽 끝단의 y 값을 계산한다. 셀 D7에 [=B7^2]를 입력하고, 제107행까지 복사한다. E열에는 각각의 소 구간 면적을 계산한다. 셀 E7에 [=C7*D7]을 입력하여 제107행까지 복사한다.

다음으로 셀 E2에 [=SUM(E8:E107)]을 입력하여 S_n을, 셀 E3에 [=SUM(E7:E106)]을 입력하여 S_{n-1}을 계산한다. 여기서, 소 구간의 높이를 오른쪽 끝단으로 한 경우의 면적과 왼쪽 끝단으로 한 경우의 면적을 평균하기 위하여 셀 E4에 [=AVERAGE(E2:E3)]을 입력한다. 계산결과는 [0.33335]로 되고, 정적분으로 구한 답 $\left[\dfrac{1}{3}\right]$과 거의 일치하는 것을 확인할 수 있다.

셀 범위 B7:B107 및 셀 범위 C7:C107로 막대그래프를 작성하면 여기까지 하였던 작업을 시각적으로 이해할 수 있을 것이다.

8.3.3 곡선의 거리

▍구부러진 것을 똑바로 보면

둥근 것을 둥글다 하고, 네모난 것을 네모나다고 확실하게 말할 수 있는 것은 중요한 것이다. 하지만 때로는 약간 시점을 바꾸어 곡선을 직선으로 보는 것도 필요하다. 직선으로 있으면 거기에 세로와 가로에 직선을 넣어 직각삼각형을 만들고, 피타고라스 정리를 적용할 수 있기 때문이다. 그러면 좌표평면상에서 구부러진 것의 크기나 거리를 구할 수 있을 것이다.

▍거리와 곡선의 길이

평면상을 움직이는 점 P의 시간 t에서 좌표를 $(f(t),\ g(t))$로 한다. 이때, 속도의 x성분은 $\dfrac{dx}{dt}$, 속도의 y성분은 $\dfrac{dy}{dt}$로 된다. 그러므로 이 점의 속도 $\vec{v}$는

$$\vec{v} = \left(\frac{dx}{dt},\ \frac{dy}{dt}\right)$$

로 되고 또한, 그 크기, 즉 절댓값은

$$|\vec{v}| = \sqrt{\left(\frac{dx}{dt}\right)^2 + \left(\frac{dy}{dt}\right)^2}$$

로 된다(그림 8.19).

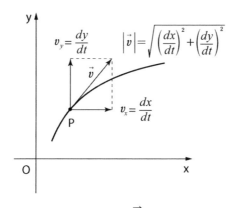

그림 8.19 속도 $\vec{v}$의 절댓값

더욱이 이 점 P가 시간 t_1에서 t까지 이동한 거리를, t의 함수로 $s(t)$로 표현한다. 그리고 경과시간 t의 증가 Δt에 대한 $f(t)$, $g(t)$, $s(t)$의 증가분을 각각 Δx, Δy, Δs로 한다.

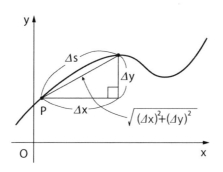

그림 8.20 Δs를 근삿값으로 표현한다.

그러면 그림 8.20에서 Δs를 근삿값으로

$$\Delta s \fallingdotseq \sqrt{(\Delta x)^2 + (\Delta y)^2}$$

으로 표현할 수 있고, 양변을 Δt로 나누면

$$\frac{\Delta s}{\Delta t} \fallingdotseq \sqrt{\left(\frac{\Delta x}{\Delta t}\right)^2 + \left(\frac{\Delta y}{\Delta t}\right)^2}$$

으로 표현할 수 있다.

여기서, Δt를 한없이 0에 가깝게 하면 거리인 곡선 Δs는 한없이 직선에 가까워진다. 이는 극히 가는 곡선을 현미경으로 들려다 보아 아주 크게 확대한 것과 같다. 따라서, $\Delta t \to 0$로 하면

$$\frac{\Delta x}{\Delta t} \to \frac{dx}{dt}, \quad \frac{\Delta y}{\Delta t} \to \frac{dy}{dt}, \quad \frac{\Delta s}{\Delta t} \to \frac{ds}{dt}$$

로 되고,

$$\frac{ds}{dt} = \sqrt{\left(\frac{dx}{dt}\right)^2 + \left(\frac{dy}{dt}\right)^2}$$

으로 표현할 수 있다. 또한, 이것은 $|\vec{v}|$의 식과 같으므로

$$\frac{ds}{dt} = |\vec{v}|$$

로 된다.

그러므로 시간 $t = t_1$에서 $t = t_2$까지 이동한 거리 s는

$$s = \int_{t_1}^{t_2} |\vec{v}| \, dt = \int_{t_1}^{t_2} \sqrt{\left(\frac{dx}{dt}\right)^2 + \left(\frac{dy}{dt}\right)^2} \, dt$$

로 구할 수 있다.

━━ 곡선의 길이 ━━

곡선 $x = f(t)$, $y = g(t)$ $(t_1 \leq t \leq t_2)$의 길이를 s로 하면

$$s = \int_{t_1}^{t_2} \sqrt{\left(\frac{dx}{dt}\right)^2 + \left(\frac{dy}{dt}\right)^2} \, dt$$

$$= \int_{t_1}^{t_2} \sqrt{\{f'(t)\}^2 + \{g'(t)\}^2} \, dt$$

예 제 8-17	다음 사이클로이드(cycloid)의 길이 s를 구하시오. $x = t - \sin t$, $y = 1 - \cos t$ $(0 \leq t \leq 2\pi)$

▶ 해 답

$$\sqrt{\left(\frac{dx}{dt}\right)^2 + \left(\frac{dy}{dt}\right)^2} = \sqrt{(1 - \cos t)^2 + \sin^2 t}$$

$$= \sqrt{1 - 2\cos t + \cos^2 t + \sin^2 t}$$

$\cos^2 t + \sin^2 t = 1$에서

$$\sqrt{\left(\frac{dx}{dt}\right)^2 + \left(\frac{dy}{dt}\right)^2} = \sqrt{2-2\cos t} = \sqrt{2(1-\cos t)}$$

삼각함수 반각의 공식, $\sin^2\dfrac{\alpha}{2} = \dfrac{1-\cos\alpha}{2}$ 에서

$$\sqrt{\left(\frac{dx}{dt}\right)^2 + \left(\frac{dy}{dt}\right)^2} = \sqrt{2 \cdot 2\sin^2\frac{t}{2}}$$

$0 \le \dfrac{t}{2} \le \pi$ 이므로 $\sin\dfrac{t}{2} \ge 0$ 에서

$$\sqrt{\left(\frac{dx}{dt}\right)^2 + \left(\frac{dy}{dt}\right)^2} = 2\sin\frac{t}{2}$$

따라서, 구하는 길이 s 는 다음과 같다.

$$s = 2\int_0^{2\pi} \sin\frac{t}{2}\, dt = 2\left[-2\cos\frac{t}{2}\right]_0^{2\pi}$$
$$= 2(-2\cos\pi + 2\cos 0) = 8$$

▌**Excel에 의한 해법**　●Ref : [Math0803.xls]의 [예제 8-17] 시트

Excel을 사용하여 사이클로이드(cycloid) 곡선 길이 근삿값을 구해보자. 그림 8.21과 같은 워크시트를 작성한다.

우선, 사이클로이드 좌표 데이터를 계산한다. A열에 t 값을 준비한다. $0 \le t \le 2\pi$ 이므로 여기서는 2π 를 180의 소 구간으로 분할하고, 셀 범위 A5:A185

에 2씩 0 ~ 360의 연속 데이터를 작성한다.

B열에는 x 값을 계산한다. 셀 B5에 [=RADIANS(A5)−SIN(RADIANS(A5))]를 입력하고, 제185행까지 복사한다. C열에는 y 값을 계산한다. 셀 C5에 [=1−COS(RADIANS(A5))]를 입력하고, 제185행까지 복사한다. 셀 범위 B5:C185에서 [데이터 표식 없이 곡선으로 연결된 분산형]의 그래프를 작성하면 이 사이클로이드 모양을 알 수 있다.

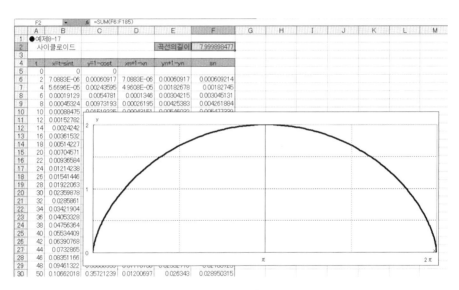

그림 8.21 [예제 8–17]의 워크시트

D열에는 소 구간 x 방향 길이 Δx, 즉 $x_{n+1}-x_n$을 계산한다. 셀 D6에 [=B6−B5]를 입력하고, 제185행까지 복사한다. E열에는 소 구간 y 방향의 길이 Δy, 즉 $y_{n+1}-y_n$을 계산한다. 셀 E6에 [=C6−C5]를 입력하고, 제185행까지 복사한다. F열에는 소 구간에서 사이클로이드 곡선 길이의 근삿값 Δs를 계산한다. 셀 F6에 [=SQRT(D6^2+E6^2)]를 입력하고, 제185행까지 복사한다.

F열에 계산한 소 구간마다의 길이를 모두 더하여 이 사이클로이드 곡선 길이를 구한다. 셀 F2에 [=SUM(F6:F185)]를 입력한다. 계산결과는 [7.999898487]로 되고, 정적분으로 구한 답 [8]에 매우 근사한 값으로 되는 것을 확인할 수 있다.

찾아보기

엑셀강좌시리즈 10

엑셀로 쉽게 배우는 수학

초판발행 2015년 2월 13일
초판 2쇄 2018년 5월 2일
초판 3쇄 2019년 8월 30일

저　　자 다카하시 유키히사(高橋幸久) · 와타나베 야이치(渡邊八一)
역　　자 전용배
펴 낸 이 김성배
펴 낸 곳 도서출판 씨아이알

책임편집 박영지, 김동희
디 자 인 김나리, 윤미경
제작책임 김문갑

등록번호 제2-3285호
등 록 일 2001년 3월 19일
주　　소 (04626) 서울특별시 중구 필동로8길 43(예장동 1-151)
전화번호 02-2275-8603(대표)
팩스번호 02-2265-9394
홈페이지 www.circom.co.kr

I S B N 979-11-5610-104-8 93410
정　　가 23,000원